U0168565

丹麦家具设计史

［日］多田罗景太　著

王健波　张　晶　译

History of
Danish furniture design

机械工业出版社
CHINA MACHINE PRESS

前 言

提到丹麦，大家首先会想到什么？是孩提时听过的安徒生童话？美人鱼像？还是近年在日本开办主题公园的乐高积木？我想很多人对这个欧洲小国只是略知一二，并没有明确的印象。

除上述例子以外，丹麦还有一些事物已经融入日本人的日常生活中。例如丹麦酥皮饼，这是一种口感酥脆、美味可口的面包，不过在丹麦，它被称为"维也纳面包"，是从维也纳传到丹麦的，一直深受人们喜爱。这种面包在丹麦经过改良后传遍全世界，因此有了"丹麦酥皮饼"这个人尽皆知的名字。

用于智能手机等数码设备的无线通信技术——蓝牙（Bluetooth）也和丹麦有着因缘。虽然该技术是由邻国瑞典的爱立信公司研发的，但"Bluetooth"这个名字却是取自10世纪为丹麦王国奠定基础的哈拉尔一世的绰号。

本书所讨论的丹麦家具，近年也开始受到无数日本人的喜爱。"北欧设计"俨然成了一个专有名词。特别是在家具设计领域，丹麦的受欢迎程度可以说已经远超其他几个北欧国家。丹麦家具之所以如此受欢迎，原因有很多，既有几百年来的历史背景，也有工匠和设计师的培养，各种各样的因素彼此交织，才有了今日的成就。

本书将结合设计师和工匠的创意活动，对丹麦家具的发展进行详细的解说。除了20世纪40年代到60年代的丹麦现代家具设计的黄金时代，也会介绍由凯尔·柯林特奠基、20世纪10年代到30年代的萌芽期，70年代到90年代中期的衰退期，90年代中期以后的复兴期，一直到现在的趋势。设计师的师承关系，以及工匠、制造商和设计师的关系等也专门分配了篇幅加以介绍。以下是本书各章的要点。

第一章

介绍关于丹麦家具设计的一些基础知识，以及设计在丹麦广泛扎根的背景等。了解这些，就能更好地理解丹麦家具设计的历史。

第二章

概略介绍丹麦家具设计从维京时代到现代的变迁。

第三章

介绍凯尔·柯林特、汉斯·维纳、芬·尤尔等黄金期家具设计师的生平和成就。

第四章

介绍为家具设计师和建筑师的创意活动提供支持的主要家具匠师与制造商。

第五章

介绍丹麦家具设计从衰退期到复兴期的发展经过，以及卡斯帕·萨尔多等当代设计师的设计理念。

希望本书能有助于您更好地理解丹麦家具设计。请随我走完这次旅程。

多田罗景太

目 录

前言

◎ 参丹麦地图

◎ 书中人名　丹麦语对照表

第一章
设计王国丹麦？

保持"合作意识"，设计宜居社会…………011

【专栏】每一个国民都是丹麦集体的
　　　　一员…………020

第二章
丹麦现代家具设计的发展历程

从维京时代开始，历经萌芽期、黄金期、衰退期，
自20世纪90年代中期进入复兴期…………021

◎ 丹麦主要设计师生卒年
[年表]…………022

1）丹麦家具设计的原点到萌芽期…………024

2）黄金期的奠基人——凯尔·柯林特…028

3）催生黄金期的因素之一
　　——匠师协会展…………032

4）黄金期向一般市民普及优质家具的
　　FDB 莫布勒…………037

5）在黄金期对销售做出贡献的
　　永久画廊…………043

6）黄金期结束，走向衰退期…………048

7）从20世纪90年代中期开始进入复
　　兴期…………050

【专栏】匠师协会展展出家具所
　　　　使用的木材…………052

第三章
黄金期的设计师和建筑师

以凯尔·柯林特为首，伯格·摩根森、汉斯·维
纳、阿恩·雅各布森、芬·尤尔等人设计了大
量名作…………053

◎ 活跃于黄金期的设计师及其代表作
[年表]…………054

◎ 活跃于黄金期的设计师之间的关系
[关系图]…………056

丹麦现代家具设计之父
凯尔·柯林特…………058

学者气质的设计师
奥尔·温谢尔…………070

平民生活的理想主义者
伯格·摩根森…………076

手工艺的巅峰
汉斯·维纳…………088

多才多艺的完美主义者
阿恩·雅各布森…………104

独具一格的审美眼光
芬·尤尔…………120

极致的感受力

保罗·克耶霍尔姆 ⋯⋯⋯⋯ 134

丹麦现代家具设计的异类

维纳·潘顿 ⋯⋯⋯⋯ 148

丹麦家具设计界的第一夫人

南娜·迪策尔 ⋯⋯⋯⋯ 158

» **活跃于黄金期的其他设计师**

划时代的"皇家系统"壁架单元

保罗·卡多维乌斯 ⋯⋯⋯⋯ 168

隐藏的名作"AX椅"

彼得·维特与
奥拉·莫嘉德·尼尔森 ⋯⋯⋯⋯ 169

J.L. 莫勒创始人

尼尔斯·奥拓·莫勒 ⋯⋯⋯⋯ 171

曾任《Mobilia》杂志编辑的女性设计师

格蕾特·雅尔克 ⋯⋯⋯⋯ 173

英国女王伊丽莎白二世也买他的椅子

伊布·考福德·拉森 ⋯⋯⋯⋯ 174

师从芬·尤尔

阿恩·沃戈尔 ⋯⋯⋯⋯ 176

实践凯尔·柯林特的教导

凯·克里斯蒂安森 ⋯⋯⋯⋯ 176

第四章
设计师背后的家具 制造商和匠师

丹麦名作家具的诞生，离不开能工巧匠和
拥有高超技术实力的制造商 ⋯⋯⋯⋯ 179

⊙ 主要家具制造商与设计师、建筑师之间
的关系［关系图］⋯⋯⋯⋯ 180

1）由家具匠师经营的家具工房 ⋯⋯⋯⋯ 183

» **由家具匠师经营的家具工房**

A.J. 艾弗森工房 ⋯⋯⋯⋯ 185

约翰尼斯·汉森工房 ⋯⋯⋯⋯ 186

尼尔斯·沃戈尔工房 ⋯⋯⋯⋯ 187

雅各布·凯尔工房 ⋯⋯⋯⋯ 188

鲁德·拉斯穆森工房 ⋯⋯⋯⋯ 189

PP 莫布勒 ⋯⋯⋯⋯ 190

2）家具工厂的家具生产 ⋯⋯⋯⋯ 194

» **家具工厂**

弗里茨·汉森 ⋯⋯⋯⋯ 196

腓特烈西亚家具 ⋯⋯⋯⋯ 199

卡尔·汉森父子·············202

格塔玛·············206

弗朗斯父子·············208

Onecollection·············212

【专栏】家具迷必看的博物馆·············215

第五章
现在的丹麦家具设计

年轻设计师和新品牌在涌现·············217

◉ 第五章出现的主要设计师及其代表家具

[年表]·············218

1）摆脱衰退期的低迷·············220

2）20 世纪 90 年代以后，丹麦家具走向
　　复兴·············224

3）仿制品产业的出现及对策·············229

4）现在活跃的设计师·············232

卡斯帕·萨尔托和

托马斯·西斯歇德·············233

塞西莉·曼兹·············240

托马斯·班德森·············248

熙·韦林和古德蒙杜尔·卢德维克·····254

【专栏】丹麦照明器具制造商·············260

[年表]·············262

参考文献·············268

图片出处·············269

后记·············270

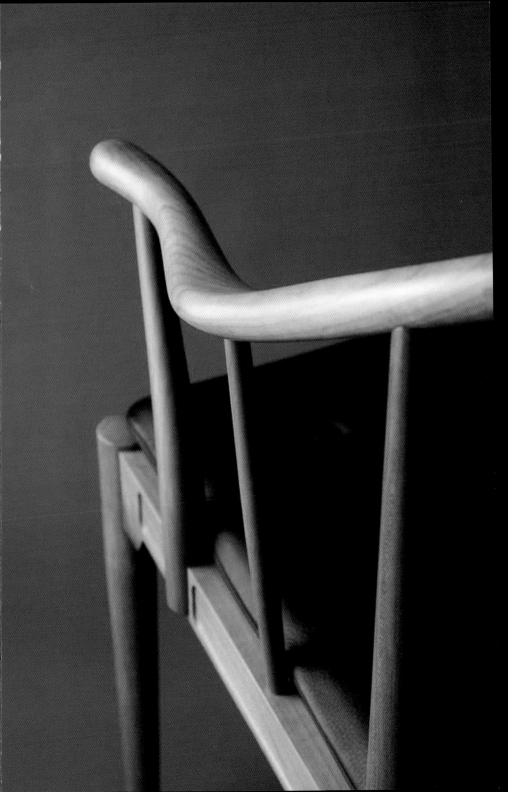

⦿ 参丹麦地图

* 记载本书中出现的主要地名（哥本哈根市内及近郊除外）

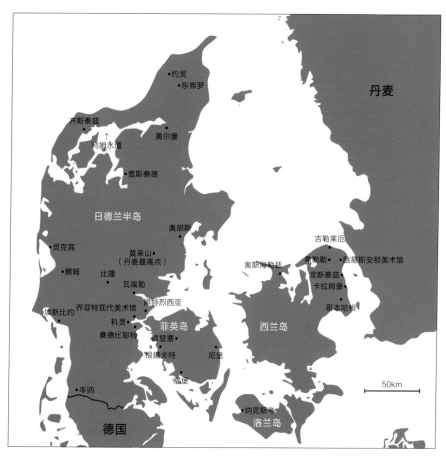

地名索引

（哥本哈根除外）

瓦埃勒（P190、257）
东弗罗（P134）
埃斯比约（P39）
欧登塞（P39、148、202等）
奥胡斯（P90、107、171等）
奥尔堡（P39、76、170等）
奥斯海勒兹（P240）

根措夫特（P148）
吉勒莱厄（P80）
卡拉姆堡（P104、106）
盖斯泰德（P206）
科灵（P39、154、185等）
桑德比耶特（P185）
察姆（P39）
齐斯泰兹（P37）
岑讷（P88、100）
乔菲特现代美术馆（P154、215）
纳克斯考（P196）

尼堡（P90）
比隆（P202）
希勒勒（P26、209）
福堡（P58）
腓特烈西亚（P199）
莫来山（丹麦最高点）（P13）
约灵（P135）
利姆水道（P85、206）
灵克宾（P213）
路易斯安那美术馆（P142）
龙斯泰兹（P142）

⦿ 书中人名　丹麦语对照表

人名	本书译法
A. J. Iversen	A. J. 艾弗森
Arne Jacobsen	阿恩·雅各布森
Arne Vodder	阿恩·沃戈尔
Børge Mogensen	伯格·摩根森
Carl Hansen	卡尔·汉森
Cecilie Manz	塞西莉·曼兹
Ejner Larsen	艾纳·拉森
Erik Krogh	埃里克·克罗格
Finn Juhl	芬·尤尔
Flemming Lassen	弗莱明·拉森
Fritz Hansen	弗里茨·汉森
Grete Jalk	格蕾特·雅尔克
Gudmundur Ludvik	古德蒙杜尔·卢德维克
Hans J. Wegner	汉斯·维纳
Hans Sandgren Jakobsen	汉斯·山格林·雅各布森
Hee Welling	熙·韦林
Henrik Sørensen	亨里克·索伦森
Ib Kofod-Larsen	伊布·考福德·拉森
Jacob Kjær	雅各布·凯尔
Johannes Hansen	约翰尼斯·汉森
Johnny Sørensen	约尼·索恩森
Jørgen Ditzel	乔根·迪策尔
Jørgen Gammelgaard	乔根·加梅尔高
Kaare Klint	凯尔·柯林特
Kai Kristiansen	凯·克里斯蒂安森
Kasper Salto	卡斯帕·萨尔托
Kay Bojesen	凯·玻约森
Louise Campbell	路易丝·坎贝尔
Mogens Koch	摩根斯·科赫
Nanna Ditzel	南娜·迪策尔
Niels Otto Møller	尼尔斯·奥拓·莫勒
Niels Vodder	尼尔斯·沃戈尔
Ole Wanscher	奥尔·温谢尔
Orla Mølgaard-Nielsen	奥拉·莫嘉德·尼尔森
Peter Hvidt	彼得·维特
Poul Kjærholm	保罗·克耶霍尔姆
Poul Volther	保罗·沃尔德
Rud Thygesen	鲁德·蒂格森
Rudolph Rasmussen	鲁道夫·拉斯穆森
Søren Holst	索伦·霍尔斯特
Thomas Bentzen	托马斯·班德森
Thomas Sigsgaard	托马斯·西斯歌德
Verner Panton	维纳·潘顿

*由多田罗在丹麦母语者的协助下制作。（翻译成中文时参考了日文译法的发音。）

1

第一章

设计王国丹麦?

保持"合作意识",设计宜居社会

本章将介绍关于丹麦的一些基础知识,以及设计在丹麦广泛扎根的背景等。了解这些,有助于更好地理解丹麦家具设计的历史。

设计师通过设计家具，
为创造更加美好的社会而努力

在日本，很长时间以来，"设计（Design）"一词都被用于表示形状、颜色，即物体外观的特征元素。该词在日本落地生根是在第二次世界大战之后，作为战前使用的"图案""意匠"等词的对译而被广泛使用。

本来，"设计"这一概念，包含着为改善生活和社会而进行的各种大大小小的创意活动。在丹麦的社会中，"设计"的这一内涵可谓深入人心。了解这一点，对理解丹麦家具的设计史非常重要。因为，能够代表丹麦的家具设计师们，并非单纯以设计好家具为目标，他们一直在通过设计好家具，为创造更加美好的生活而努力。

丹麦的家具设计史上涌现了许多个性鲜明的设计师和建筑师，但是他们通过设计创造美好生活的愿望却是共通的。正因为如此，丹麦才诞生了多年以来深受人们喜爱的无数家具。近年，在日本经常有人介绍"Hygge[1]"这种丹麦特有的生活方式，而这种生活方式得以实现，也离不开设计师们的努力。

冬天长时间待在室内，
因此催生了舒适的居住空间？

丹麦是一个三面环海的小国，本土包括与德国接壤的日德兰半岛，童话作家安徒生的出生地欧登塞所在的菲英岛，首都哥本哈根所在的西兰岛，以及周围四百多个岛屿。丹麦曾经是欧洲

1 Hygge
丹麦语"Hygge"很难用一个词来翻译。它的意思可以指"和能够推心置腹的家人、朋友一起，在悠闲、舒适的氛围中度过时间""将家中的空间布置得舒适、令人放松"。不过，因为它是一个很大的概念，所以不同的人对它的理解也不尽相同。

大国，统治着现在的瑞典、挪威和德国的一部分（卡尔马联盟[2]），如今国土面积只有日本九州那么大[3]。丹麦现在仍在斯堪的纳维亚国家之列，可以说是它曾经在斯堪的纳维亚半岛拥有领土的遗痕。

这片与日本九州面积差不多大的国土上生活着约 580 万人，不到九州人口的一半。与日本相比，丹麦确实是小国。首都哥本哈根约有 60 万人（如果包含周边地区约有 160 万人），从哥本哈根中央站坐电车 30 分钟，就是广阔的田园牧场。

相较日本，丹麦位置偏北，所以，夏天天气好的时候，气候宜人，白昼时间长[4]。但是一到冬天，就是漫长的黑夜。不过，受北大西洋暖流影响，丹麦并不寒冷，即使是冬天，0℃以下的时间也不长。冬天很少下雪，而是经常下雨或阴天。另外，丹麦没有高山[5]，除了人工滑雪场以外，没有能够滑雪的环境。冬天除了滑冰，手球、羽毛球等可以在室内进行的体育运动也很盛行。

这样的气候条件对丹麦文化有着很大的影响。夏天，放学或者工作结束回到家以后，一家人常常出去野餐。冬天，丹麦人会长时间地待在室内，也许是因为这个原因，他们才把居住空间打造得特别舒适，无数兼具功能性和美感的家具也因此被设计了出来。

为增加森林面积，有计划地积极实施植树造林

现在，丹麦约有 60 万公顷的土地被森林覆盖，

约占国土面积的 14%。森林多分布在日德兰半岛、西兰岛北部和博恩霍尔姆岛。除此之外,哥本哈根等城市地区的近郊也分布着小规模的森林。自古以来,丹麦的造船业和木材工艺就很兴盛,因此,对丹麦人来说,森林是不可或缺的存在。

丹麦曾经是一个森林覆盖率很高的国家。然而,由于连续几个世纪为了扩大耕地而进行的开垦,以及建筑业、造船业的发展带来的无计划的树木采伐,到 1800 年前后,森林覆盖率已经降到了 2%~3%。

为了避免这种情况继续发展下去,丹麦于 1805 年制定了森林法。根据这部法律,树木采伐受到了管制,同时,国家开始有计划地植树造林。日德兰半岛的荒地上种起了欧洲云杉等针叶树[6]。欧洲云杉和冷杉一样,常被用作圣诞树,由于生长速度快,而且能够适应严苛的环境,因此很适合在荒地上种植。

多年的植树造林取得了成果,现在森林占到丹麦国土面积的 14%。丹麦政府的目标是,在 21 世纪内将森林覆盖率提高到 20%(数字来源:丹麦环境和食品保护部门)。

另外,丹麦曾经也有野生的橡树、山毛榉、榆树、水曲柳、枫树等阔叶树,但是多因采伐或病害而减少,现在拥有充足储备的只剩下山毛榉了。这些阔叶树都是制造家具不可或缺的材料,不足的木材全都要依赖进口。

6 工兵军官达尔加斯(Dalgas)率先投身植树造林事业。基督教思想家、文学家内村鉴三曾在《丹麦的故事》讲演(1911年)中将他的经历介绍为"以信仰和树木救国的故事",这在日本也广为人知。后来,该讲演被整理成《丹麦国的故事》(圣经研究社,1913 年)一书出版(现收录于岩波文库《献给后世的最大遗物——丹麦的故事》)。

"瓦格纳"的丹麦语发音是"维纳"。丹麦语元音较多，音译困难

丹麦语属于北日耳曼语支的古诺斯语，与瑞典语、挪威语同源。因此，某种程度上，这几种语言可以互通。但是，因为现在英语是国际通用语言，北欧诸国的人们通常也用英语交流。

丹麦虽是一个小国，但同日本一样，各地都有自己的方言。丹麦西部日德兰半岛说的丹麦语，和哥本哈根等东部西兰岛说的丹麦语相比，在口音等方面有很多不同。根据说话方式的不同，大抵可以判断一个人来自哪里。这种区别就像关西腔和关东腔一样。

丹麦语中有 Ææ、Øø、Åå 等英语中没有的字母，再加上要区分大量的元音，因此丹麦语对外国人来说是很难习得的，甚至丹麦人自己也这样认为。日语只有五个元音，要正确表示丹麦人的名字是很困难的，因此有很多人名的音译与实际发音不同，但却已经在日本固定了下来。例如，安徒生（Andersen）的丹麦语发音接近安纳生，但这也只是近似的读音。设计师汉斯·J. 维纳（Hans J. Wegner），丹麦语发音接近汉斯·维纳。本书中出现的设计师和建筑家的名字，原则上均使用约定俗成的译名（参照 P9）。

购买家具需支付 25% 的增值税。丹麦税率虽高，但是社会福利制度相当完善

众所周知，丹麦社会福利水平很高。不仅医疗、生育、教育等全部免费，面向老年人、残障人

士的社会福利也非常丰厚。国家之所以能够提供如此优厚的社会福利，是因为丹麦国民支付着高额的税金。增值税，相当于日本的消费税，高达 25%，丹麦也没有设定针对食品等的减税政策。所得税包括国税和地方税，根据收入和居住地的不同而不同。去掉各种扣除，实际的纳税额仍然很高，收入高的人，纳税额甚至占到了收入的一半。

丹麦税率如此之高，其中最夸张的是买车时缴纳的税金。除去 25% 的增值税，还需要缴纳 150%（2015 年前为 180%）的汽车税。当然，这跟丹麦本国无法生产汽车的实情有关系，但是不管怎么说，丹麦毫无疑问是一个高税收国家。

近年日本推行的家庭医生制，在丹麦已经普及。身体不舒服的时候，首先接受家庭医生的诊察，只有家庭医生诊察后判断需要高水平医疗服务，或需要进行更精密的检查时，才能去提供高水平医疗服务的大医院接受诊断和治疗。

另外，像感冒等不紧急且靠自身免疫力恢复率高的疾病，家庭医生一般都不会开药，只是建议在家好好休息。我住在哥本哈根时，有一次感冒很久都不见好，去看家庭医生的时候，医生也没有给我开处方药，告诉我："吃点有营养的东西，好好在家休息。"当时我真希望自己是在日本。

这样的家庭医生制度可以避免税金的浪费。因为只有需要深入检查的患者，才能去大学医院等大型医疗机构看病。当然，找家庭医生看病是免费的。大型医疗机构的高水平医疗服务也完全免费。

另外，如果是丹麦国内无法治疗的病症，需要去海外医院诊断时，从航班费用到住院费等，全部由国家负担。这样张弛有度、兼容并施的医疗保障制度，在不浪费税金的前提下，创造出了人们能够安心居住的社会。

全球最幸福国家排名，丹麦始终名列前茅

关于教育费，丹麦从小学到大学的公立学校全部都是免费的。义务教育年限为 10 年，从 0 年级到 9 年级，读的是小学、初中一体的国民学校。约有 20% 的家庭上私立学校，但即便是私立学校，家庭负担的学费也只占总体的 15%，剩下的部分用税金即可覆盖。

到了 18 岁，国家提供一种叫作 SU（Statens Uddannelsesstøtte）的国家助学金，最长可达 6 年，且学生没有义务返还。如果仅靠 SU 不够的话，可以通过打工等方式来补足。但是学生完全不需要打很多工以至于影响学习，也不需要靠父母补贴生活费。总之，18 岁以后的学生的生活是靠国家税金来承担的。可以说，整个国家都在为培养年轻人而付出，因为这些年轻人在不久的将来要担负起建设国家的重任。

如上所述，在丹麦，全体国民出钱，实现了全民从出生直到老年都无忧的生活。其表现之一，就是从 2012 年以后，联合国每年公布的世界幸福感排名中，丹麦始终名列前三[7]。丹麦就是这样人民一边为享受充实的社会服务而缴纳高额的税金，一边享受着充实的社会服务的国家。

7 2019 年版《世界幸福感报告》（由联合国下属机构可持续发展解决方案网络发行）中：第一为芬兰，第二为丹麦，第三为挪威。日本排在第 58 名。

"合作意识"是丹麦社会的基础

本章一开始，我就提到"设计"一词的含义包含着为改善生活和社会而进行的各种大大小小的活动。丹麦正是这样的国家，通过巧妙"设计"的社会福利制度，从而实现全民安心富足地度过一生。

但不要忘记的是，能够实现如此优厚福利制度的根本是，丹麦人特有的"合作意识"。曾经的丹麦，通过 1397 年缔结的卡尔马联盟，统治着斯堪的纳维亚半岛的大部分领土。但是，1523 年瑞典独立，又在 19 世纪初拿破仑战争导致的混乱中失去了挪威，丹麦沦为欧洲小国。此后，丹麦一直在为最大限度地高效利用有限的国土、资源和人才而绞尽脑汁，设计便于国民生活的社会。而要形成这样的社会，关键就在于"合作意识"。

曾经，丹麦农民以生产麦类为主，19 世纪末农作物价格暴跌，农民被迫转向乳制品生产和肉类加工业。当时，发挥重要作用的就是合作社这一概念。新建乳制品厂和肉类加工厂需要很高的费用，村子里的农家都拿出钱来帮助建设，通过合作共享，顺利转向乳制品业和肉类加工业。近年，我们经常会听到一个名词叫作共享经济，丹麦的合作社可以说是共享经济的先驱。

此后，不仅是生产者，合作社这个概念也扩大到了消费者，发展成为消费者合作社（FDB[8]），全国的零售店都是其会员。该合作社的家具销售部门于 1942 年设立了 FDB 莫布勒[9]。这种"合作意识"在丹麦家具设计领域也发挥得淋漓尽致。

8 FDB
参见 P37。

9 FDB 莫布勒
FDB Møbler 参见 P38。

丹麦是名副其实的设计大国

很长时间以来，丹麦以出色的产品设计而广为人知，其中包括家具、照明器具、陶瓷和装饰品等，它们为生活增添了色彩。理解优秀产品层出不穷的丹麦社会，对我们理解丹麦的设计是十分重要的。丹麦人所构建的社会建立在高福利制度的基础上，可以说，丹麦人真正理解了"设计"一词的本质，并不断地将其付诸实践。不得不说，丹麦是名副其实的设计大国。

丹麦的家具设计师作为这样的丹麦社会的一员，一直在通过设计家具，努力创造更好的生活。本书不仅会介绍家具作品，也会聚焦这些作品产生的社会背景以及同时代家具设计师之间的关系，从而展现丹麦现代家具设计的历史。

每一个国民都是丹麦集体的一员

在丹麦，不会因为职业不同而导致收入不平等。公务员、银行职员、护士、医生、美容师、厨师、学校老师和公交车司机等，无论从事任何职业，收入都差不多，而且福利制度和休假制度等也都同等优厚。升职时，收入不会有很大的涨幅。面对这样的制度，可能有人会怀疑丹麦人没有努力学习、努力工作的动力，但是，丹麦和日本的价值观本来就不同。

在丹麦，人们不是像日本那样为了能够从事高收入的职业、为了能进入大企业而学习，他们学习，是为了从事与自己能力相符的职业，从而为社会做贡献。丹麦社会也不会根据学历来评价个人。比起学生时代在哪里学习，更重要的是，在国民的税金支持下学到了什么，以及学成之后如何回馈社会。

总之，年轻人是支撑丹麦未来的重要人才。国民负担年轻人的教育费用，由整个社会来培育人才。在丹麦，孩子一旦高中毕业，即便住在家附近，也会离开父母，为成为一个独立进入社会的大人而做准备。另外，父母作为孩子最亲近的人，照顾孩子直到高中毕业，之后就不再过多地干涉，让孩子进社会。

这些是我通过三年留学感受到的。我认为丹麦人有一种很强的意识，每一个人都是作为构成社会的一员而生活的。也就是说，每一个个体都是丹麦这个集体中的一员。因此，丹麦国民很喜欢他们的国旗，每逢生日等个人纪念日或者聚会的时候都会拿出来。丹麦无论男女老少，都对决定集体方针的政治高度关心，国政选举投票率总是接近 90%。

欧洲由许多各种各样的国家组成，小国丹麦的国民却凭借着"合作意识"，人人都是丹麦集体中的一员，在"对抗"欧洲诸国的同时，也创造出了能让国民安心生活的社会。

2

第二章

丹麦现代家具设计的
发展历程

从维京时代开始，
历经萌芽期、黄金期、衰退期，
自 20 世纪 90 年代中期进入复兴期

本章将概略地介绍丹麦从维京人活动的时代到现代的发
展变迁。

⊙ 丹麦主要设计师生卒年 [年表]

	1890	1900	1910	1920	1930	1940	1950

1888 凯尔·柯林特（Kaare Klint）

1896 雅各布·凯尔（Jacob Kjær）

1902 阿恩·雅各布森（Arne Jacobsen）

1903 奥尔·温谢尔（Ole Wanscher）

1907 奥拉·莫嘉德·尼尔森（Orla Mølgaard-Nielsen）

1911 保罗·卡多维乌斯（Poul Cadovius）

1912 芬·尤尔（Finn Juhl）

1914 汉斯·维纳（Hans J. Wegner）

1914 伯格·摩根森（Børge Mogensen）

1916 彼得·维特（Peter Hvidt）

1920 尼尔斯·奥拓·莫勒（Niels Otto Møller）

1920 格蕾特·雅尔克（Grete Jalk）

1921 伊布·考福德·拉森（Ib Kofod-Larsen）

1923 南娜·迪策尔（Nanna Ditzel）

1926 维纳·潘顿（Verner Panton）

1926 阿恩·沃戈尔（Arne Vodder）

1929 保罗·克耶尔霍尔姆（Poul Kjærholm）

1929 凯·克里斯蒂安森（Kai Kristiansen）

1932 鲁德·蒂格森（Rud Thygesen）

1937 伯恩特（Bernt）

1938

1942

1942

1942

1944

1947

萌芽期 ——— 黄金期

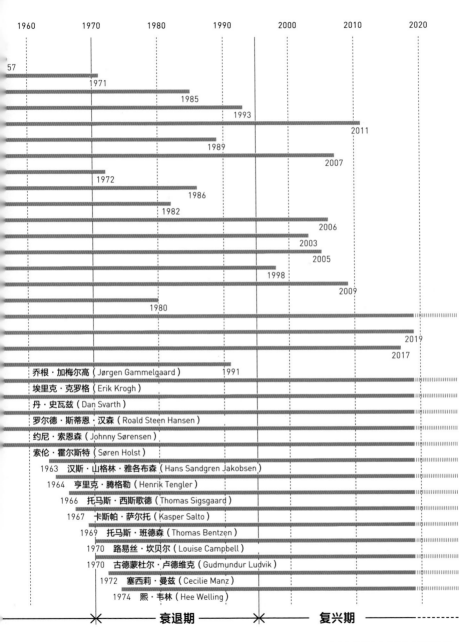

1960	1970	1980	1990	2000	2010	2020

57

1971

1985

1993

2011

1989

2007

1972

1986

1982

2006

2003

2005

1998

2009

1980

2019

2017

乔根·加梅尔高（Jørgen Gammelgaard）　1991

埃里克·克罗格（Erik Krogh）

丹·史瓦兹（Dan Svarth）

罗尔德·斯蒂恩·汉森（Roald Steen Hansen）

约尼·索恩森（Johnny Sørensen）

索伦·霍尔斯特（Søren Holst）

1963　汉斯·山格林·雅各布森（Hans Sandgren Jakobsen）

1964　亨里克·腾格勒（Henrik Tengler）

1966　托马斯·西斯歌德（Thomas Sigsgaard）

1967　卡斯帕·萨尔托（Kasper Salto）

1969　托马斯·班德森（Thomas Bentzen）

1970　路易丝·坎贝尔（Louise Campbell）

1970　古德蒙杜尔·卢德维克（Gudmundur Ludvik）

1972　塞西莉·曼兹（Cecilie Manz）

1974　熙·韦林（Hee Welling）

衰退期　　　　　复兴期

＊表中为本书当中介绍的主要设计师。

丹麦现代家具设计的发展历程

023

1）丹麦家具设计的原点到萌芽期

丹麦家具的特征

一般来说，丹麦家具有以下特征：

- 简约耐看
- 现代设计
- 自然的素材感
- 兼具功能性和实用性
- 细腻的工艺

然而，从家具设计史的角度来看，丹麦家具最大的特征是，大量的家具名作都是在 20 世纪中叶这一有限的时期里设计出来的。20 世纪从 40 年代到 60 年代，短短 30 年内，在欧洲小国丹麦发生的这一现象给全世界带来了巨大的影响。

日本也不例外。1957 年在大阪大丸百货店举办的"丹麦优秀设计展"，1958 年的"丹麦家具工艺展"（东京大丸百货店）、"芬兰丹麦展"（东京白木屋日本桥店）[1]，1962 年的"丹麦展"（银座松屋）等，在百货店的主导下，丹麦家具被介绍到日本，引起了巨大反响。

第 54 页的图上标注了丹麦代表性的家具设计师、建筑师作品的设计时间。其中的作品几乎都是在 20 世纪 40 年代到 60 年代设计出来的。但是，丹麦现代家具设计的先驱，凯尔·柯林特的作品诞生的时间要更早一些。

本书将这一时期称为丹麦现代家具设计的黄金

1 "芬兰丹麦展"（东京白木屋日本桥店）
白木屋日本桥店于 1967 年更名为东急百货店日本桥店，1999年停业。旧址拆除后建成了COREDO 日本桥。

期，而将那之前从 20 世纪 10 年代到 30 年代称为萌芽期，之后的 70 年代到 90 年代中期称为衰退期。

接下来，我们按照顺序看一下丹麦现代家具设计的发展历程。

从维京时代到中世纪

古代斯堪的纳维亚在地理上远离古罗马、古希腊，虽然从公元元年前后与罗马人已有交流[2]，但还是发展出了自己独特的文化。12 世纪以前使用过的卢恩字符就是一个例子。面朝波罗的海、北海的北欧各国的造船技术格外发达，这也是其文化特征之一。

从 8 世纪末到 11 世纪中叶，一个族群乘着船，从丹麦、瑞典和挪威的港口出发，越过不列颠群岛，前往伊比利亚半岛、地中海、黑海从事贸易活动，这就是维京人。

提到维京人，人们往往会联想到在欧洲各地大肆掠夺的海盗，但其实，他们的掠夺行动有着明确的目的，那就是贸易、商业活动和殖民。为了达到目的，维京人首先攻击各地的教会。在当时，教会通过接受信徒、贵族甚至国王的捐赠获得了大量财富，但应对攻击的防御却相当薄弱，因此成为维京人的绝佳目标。教会是社区的中心，控制教会是推行贸易、商业活动和殖民统治的第一步。当时，只有在教会和修道院从事文字工作的人才会留下文字记录，因此维京人被描述为袭击教会的暴徒，海盗的形象也由此而来。

2 与罗马人的交流
从公元元年前后到 4 世纪下半叶，罗马商人为了出售红酒、酒杯等商品，从罗马帝国的边境城市（科隆、维也纳等）北上。从丹麦贵族的坟墓中出土过这些物品。参见《丹麦历史》（桥本淳编，创元社，1999 年）。

16 世纪弗雷德里克二世始建、17 世纪克利斯蒂安四世完成的文艺复兴建筑，现为国家历史博物馆。位于距哥本哈根 30 多千米的希勒勒（参见 P209 注释 57）。

4 **罗森堡宫殿**
17 世纪初克利斯蒂安四世在哥本哈根修建的荷兰文艺复兴风格的小型城堡。

5 18 世纪上半叶到中叶在丹麦制作的洛可可风格的椅子。

6 哥本哈根家具匠师协会于 1554 年设立。16 世纪中叶到 17 世纪初这段时期，丹麦商业、贸易繁荣，国力强盛。

维京人将其通过掠夺和贸易获得的各种财物带回北欧故乡。这些财物主要是珠宝首饰，不过其中想必也包括了家具。另外，发达的造船技术也造就了北欧人的木工特长，他们回到故乡之后，将在其他地方学到的家具制造方法发扬光大，也顺理成章。就这样，以维京人的活动为媒介，欧洲各地的文化流入了包括丹麦在内的北欧各国。然而，到了 11 世纪末，维京人的活动逐渐终结，取而代之的是国王对国家的统治。

时代一直向前发展，14 世纪起源于意大利的文艺复兴历经岁月在欧洲一路北上，进入 17 世纪后，丹麦建筑也流行起了文艺复兴风格。代表性的建筑有腓特烈堡城堡³、罗森堡宫殿⁴等。这些城堡、宫殿落成之初，陈设的家具都是文艺复兴风格，不过随着时代流行的变迁，家具也一次又一次地更新换代。

后来，丹麦王室、贵族间流行的家具风格也历经变迁，其中包括来自英国、法国的巴洛克风格、洛可可风格⁵和乔治风格等。技艺高超的家具匠师会模仿这些风格打造家具，供给王室贵族。

萌芽期以前的丹麦家具

萌芽期以前，丹麦并没有能称得上原创的家具设计，也没有家具设计师这一职业。家具的设计主要是家具匠师的工作。说是设计，其实不过是师徒相传，或是模仿当时英国、法国流行的风格，并不能称之为原创设计。

不过，哥本哈根早在 16 世纪中叶就已经有家具匠师协会⁶，足以见得家具制造业之繁荣。无论是供给王室、贵族等富裕层的奢华家具，还是平民作为日用品使用的简朴家具，在丹麦各地都有着长期的制作历史。当时，英国、法国是欧洲文化的中心，有的家具匠师还会到这些国家留学，学习最新的流行趋势和加工技术。

1777年，皇家家具商会成立。皇家家具商会向加入商会的家具工房提供优质木材和家具图纸，对质量进行监督和管理。管理者会参考英国、法国的家具设计进行指导，为丹麦家具设计的现代化做出了贡献。然而，受经济衰退影响，该商会于1815年关闭。

如上所述，萌芽期以前，丹麦一面受到欧洲其他各国的影响，一面在师徒制度下传承木工技术，培育了家具制造的土壤。由匠师发展起来的高超的木工技术，在20世纪以后的黄金期为家具设计师和建筑师的活动提供了支持。

另外，1878年，弗里茨·汉森[7]用成型胶合板制造了简约的办公椅第一椅（First Chair）；1898年，建筑师托瓦尔德·宾德斯波尔德[8]设计了受新艺术运动影响的家具。这标志着在20世纪即将到来之际，丹麦的现代家具设计开始萌芽。进入20世纪后，丹麦现代家具设计迎来萌芽期，接着便是后来的黄金期（20世纪40年代到60年代）。

但是，为什么一大批名作家具会在大约30年的黄金期内集中涌现，并且闻名世界呢？萌芽期到黄金期之间，丹麦现代家具设计领域发生的事件会给我们些许启示，容我逐一道来。

以18世纪中叶英国椅子为原型的椅子。它于18世纪下半叶制作于丹麦

7 弗里茨·汉森的第一椅。

8 **托瓦尔德·宾德斯波尔德**
　Thorvald Bindesbøll（1846—1908）。

受新艺术运动影响的椅子（J. E. 梅尔，1860—1870）

2）黄金期的奠基人
——凯尔·柯林特

受到包豪斯的影响，仍不忘传统手工艺

凯尔·柯林特既是建筑师，又是家具设计师，他被称为丹麦现代家具设计之父，对后来的设计师影响巨大。1924年，柯林特成为丹麦皇家艺术学院家具系的讲师；1944年，他成为家具系首位教授。直到1954年去世，他一直在丹麦皇家艺术学院致力于培养后来人。

柯林特刚开始执教时，一场现代化运动正席卷欧洲。主导这场运动的，便是德国的综合艺术学校包豪斯[9]。包豪斯提倡以工业化大量生产为前提的合理主义、功能主义，用折弯的金属钢管做的椅子便是从这里诞生的，代表作品有马塞尔·布劳耶[10]的瓦西里椅[11]、密斯·凡德罗[12]的先生椅[13]。这种折弯金属钢管技术的灵感来自自行车架的制造方法，很适合在工厂大量生产。座面和背面与人体接触的部位使用了厚实的皮革，应用制造马鞍等的技术，想必也能实现量产。

如上所述，包豪斯推出的椅子应用了之前未曾用于家具生产的材料和技术，并且省去了不必要的装饰。这可以说是对传统家具制造业的挑战。这场现代化运动当然也影响了邻国丹麦，并且在丹麦有了独具特色的发展。在保持木材及其相关传统工艺的同时，将设计面向一般市民，而这正是现代主义的本质。

凯尔·柯林特提倡重新设计

在家具设计领域引领这场丹麦特色现代主义运动的，正是凯尔·柯林特。他并非与过去的传统诀别，而是主张真挚地面对传统，通过调查、研究和分析，进行重新设计。由他确立的这一设计方法论被称为"重新设计（redesign）"。"古典比我们更现代。"这句话充分体现了他对前辈遗产的尊敬。

柯林特主要研究英国 18 世纪流行家具，其成果之一便是 1927 年设计的红椅[14]。它是对 18 世纪中叶流行的齐本德尔风格[15]椅子重新设计的结果。如下图所示，椅子横撑的位置和座面的曲线几乎原封不动地沿用了齐本德尔式椅子的设计。不过，它去除了背板的装饰，改成和座面统一的皮面。这样改过之后的椅子既现代，又不失严谨。

该椅子是为丹麦工艺博物馆（现丹麦艺术与设计博物馆）的讲义室而设计的，由鲁德·拉斯穆森工房[16]制作。因为最早蒙的是染成红色的山羊皮，所以被称为红椅。柯林特运用重新设计的手法，除红椅以外也留下了诸多名作。

14 红椅

15 齐本德尔风格
18 世纪，英国代表设计师托马斯·齐本德尔（Thomas Chippendale，1718—1779）实践的家具设计风格。它吸收了洛可可、哥特、中国风等多种风格。

16 鲁德·拉斯穆森工房
Rud. Rasmussen 参见 P189。

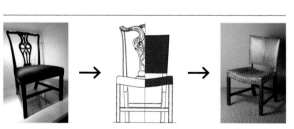

齐本德尔风格
（18 世纪中叶）

红椅（1927 年）

由齐本德尔风格重新设计而成的红椅

研究与人体的比例关系，
将数学方法引进家具设计

　　除了研究英国的椅子，柯林特还研究人体和家具的比例关系，以及收纳家具的尺寸等[17]。1:1.414被称为白银比例，在日本这个比例自古至今都在使用。柯林特将根据该比例计算出的数字，结合人体各部位尺寸，用于家具设计。当时丹麦已经在向公制单位过渡，但是柯林特认为源自身体尺度的英寸单位更适合家具设计，因此丹麦皇家艺术学院也一直在用英寸单位。

凯尔·柯林特设计的碗柜（上图）和梳妆台（下图）。材料均为小叶桃花心木

　　现代主义的代表人物、法国建筑师勒·柯布西耶运用黄金比例1:1.618，提出了人体与建筑的合理比例，并为此造了一个新词——"模度"。但是，运用白银比例、黄金比例来把握人体尺寸，柯林特比他要早上20年。另外，柯林特还对一般家庭里的衬衫、内衣、袜子、裤子、外套、大衣、帽子等服饰，寝具等亚麻织物，以及不同用餐场景下使用的各种餐具的平均尺寸、各家庭的平均拥有数量等进行了详尽的调查。他根据调查结果来决定收纳家具抽屉的尺寸和位置，从而利用有限的空间，高效

17 凯尔·柯林特研究的人体与家具的关系图等。

地收纳生活用品。

由此，柯林特在尊重以往设计和传统工艺的同时，在家具设计中加入了数学方法和有用性的概念，成功地设计出兼具功能性和美感的家具。这套设计方法论由柯林特的学生奥尔·温谢尔、伯格·摩根森等人继承，作为丹麦现代家具设计的主流，大大地影响了黄金期的形成。奥尔·温谢尔等人也被称为柯林特派。

与柯林特殊途同归的建筑家和设计师

不过，还有一些设计师，在设计家具的过程中采用了与柯林特不同的方法（非柯林特派）。阿恩·雅各布森、芬·尤尔等建筑师用独树一帜的方法设计家具，并将其作为自己设计的建筑的室内元素之一。维纳·潘顿则以色彩为主体，凭借独特的感性设计家具和照明器具[18]，并用这些器具布置奇特的室内空间。

理解柯林特派和非柯林特派在设计方法上的不同，以及由此产生的人际关系，对于我们学习丹麦现代家具设计的历史非常重要。

18 潘顿的照明器具

3）催生黄金期的因素之一
——匠师协会展

师徒制度与家具匠师协会分工合作，培养家具匠师

匠师协会（Cabinetmakers' Guild），即由家具匠师组成的工会组织。它在丹麦语中叫作 Snedkerlaug，有着悠久的历史，可以追溯到 1554 年。匠师协会拥有的独立的店铺，是一个主要面向富裕阶层的销售渠道。同时，它也会对产品进行质量管理，避免产品质量参差不齐。此外，它还为年轻匠师提供学习的机会。

丹麦的家具匠师培养体系很特别，它是由师徒制度和匠师协会分工合作共同实现的。在师徒制度中，师傅作为优秀的家具匠师，制作高质量的家具自然是重要的工作，但是他还有一项重要任务，那就是培养年轻的家具匠师，以防技术失传。家具匠师必备的实务技术方面，由师傅亲自指导，而绘图、材料采购、记账等经营工作室所需的知识，则由匠师协会通过夜间授课进行培训。得益于这一全面的家具匠师培养体系，年轻匠师能够高效地掌握成为成熟匠师所需的技术和知识。

很多年轻匠师在取得成熟匠师资格后，会去英、法等国家留学，进一步磨炼技艺。通过在处于欧洲文化中心地位的大国的留学经历，他们可以学到当时流行的家具风格，并将其带回丹麦。

持续 40 年的展览会，
展示运用高级木材制作的家具

曾经，哥本哈根技艺精湛的家具匠师主要为国内的富裕阶层打造家具。但是，受 1914 年爆发的第一次世界大战的影响，家具行业的情况发生了变化。战后，德国马克大幅贬值，而丹麦克朗升值。其结果是，丹麦可以从德国大量进口量产家具。另外，桃花心木等高级木材的进口也变得容易了。匠师们就用这些高级木材打造家具。为了向消费者展示多年来传承的高超技术，匠师协会策划了展览会（以下称匠师协会展）。

匠师协会展从 1921 年到 1923 年在技术研究所举办。然而，也许是因为规模过大，匠师协会展并不成功。之后匠师协会展停办了三年，又于 1927 年再次开始，到 1966 年为止，即使在第二次世界大战期间，也从未间断，连办了 40 年。最初的几年，会场曾辗转趣伏里公园旁边的亚西宝酒店（Axelborg）、技术研究所、哥本哈根产业协会等地，1939 年以后便固定在丹麦工艺博物馆举办了。

家具设计师或建筑师与家具匠师合作，
名作家具诞生

匠师协会展上诞生了众多名作。它们都是家具设计师或建筑师和家具匠师合作的产物。但是，双方之间的合作并非从一开始就那么密切。

很多家具匠师代代都在为富裕阶层打造装饰性的家具，他们对制作现代设计的家具心存抵触。舶

19 A. J. 艾弗森

A. J. Iversen 参见 P185。

照片中的桌子（莫恩斯·拉森设计）于 1940 年在匠师协会展展出。

20 约翰尼斯·汉森

Johannes Hansen 参见 P186。

来的廉价家具逐渐占领了市场，现代家具有没有需求还是个未知数，他们不想承担这个风险。因此，匠师协会展初期，也就是 20 世纪 20 年代后期到 30 年代前期，展出的很多家具都是由家具匠师自己设计的，还不能称之为现代家具。

不过，情况在一点点发生变化。一部分家具匠师率先意识到时代的变化，如 A. J. 艾弗森[19]、约翰尼斯·汉森[20] 等，他们开始和家具设计师、建筑师合作，制作现代家具，尝试新的可能性。在背后推动这些尝试的，是 1933 年引进的设计比赛制度。根据该制度，匠师协会展举办之前会向年轻的家具设计师、建筑师征集现代家具的创意，入围的设计方案将由技艺精湛的家具匠师实际制作。通过这一比赛，匠师协会展发展成了年轻有为的家具设计师出道的门径。与此同时，也诞生了许多家具设计师和家具匠师的著名搭档（见下表）。

凯尔·柯林特 × 鲁道夫·拉斯穆森	奥尔·温谢尔 × A. J. 艾弗森	伯格·摩根森 × 艾哈德·拉斯穆森	汉斯·维纳 × 约翰尼斯·汉森	芬·尤尔 × 尼尔斯·沃戈尔

福堡椅	扶手椅	狩猎椅	圆椅（The Chair）	45 号椅

034   第二章

但是，并不是所有的家具匠师都跟上了时代的变化。也有不少人拒绝和家具设计师、建筑师合作，或者挑战失败，或者终止参展……

匠师协会展持续举办了 40 年，共 78 位家具匠师和超过 230 位家具设计师、建筑师参加。除了上面介绍的这些，还有托维和爱德华·金德拉森[21]、埃纳·拉森和阿克尔塞·本德·马德森[22]、伊布·考福德·拉森[23]、摩根斯·科赫[24] 等当时丹麦具有代表性的家具设计师。另外值得注意的是，面料设计师丽斯·阿尔曼[25]、格伦·瓦尔明[26] 也作为沙发等面料的设计者参与其中。

使用柚木等高级木材的家具为中产阶级以上人群所接受

家具设计师和建筑师的创意借由高超的工艺加以实现，这些家具乍看上去很简单，但很多地方都使用了高超的木工技术。材料除了胡桃木和橡木，还有在当时频繁使用的桃花心木、柚木、玫瑰木等高级木材，这些木材在现今的流通受限于《华盛顿公约》。近年使用这些珍贵木材打造的家具在拍卖会上都卖出了很高的价格。

使用高级木材的家具对当时的丹麦人来说价格也不菲，特别是第二次世界大战后，因为经济萧条，为了组建新家庭而需要家具的年轻人根本买不起。这些家具不是由大规模的家具工厂大量生产，而是由家具匠师手工打造，这也是拉高价格的因素之一。

21 **托维和爱德华·金德拉森**
Tove & Edvard Kindt-Larsen
丈夫爱德华（1901—1982）和妻子托维（1906—1994）都曾在丹麦皇家艺术学院师从凯尔·柯林特。

22 **埃纳·拉森和阿克尔塞·本德·马德森**
Ejnar Larsen（1917—1987）& Aksel Bender Madsen（1916—2000）。埃纳·拉森和阿克尔塞·本德·马德森在丹麦皇家艺术学院师从凯尔·柯林特。1947 年二人设立设计事务所开始活动，代表作品是由弗里茨·汉森发售的大都会休闲椅。

23 **伊布·考福德·拉森**
Ib Kofod-Larsen 参见 P174。

24 **摩根斯·科赫**
Mogens Koch（1898—1992）。著名作品为折叠椅 MK 椅（照片由鲁德·拉森穆森工房制造）。

25 **丽斯·阿尔曼**
Lis Ahlmann（1894—1979）。她曾为凯尔·柯林特、伯格·摩根森等人设计的椅子制作面料。参见 P84

26 **格伦·瓦尔明**
Karen Warming（1880—1969）。

尽管如此，匠师协会展上诞生的很多家具还是逐渐被丹麦中产阶级以上的人群接受了。这些人往往对社会新趋势比较敏感，而且经济上较为宽裕。而在美国，由于市场上充斥着工厂批量生产的家具，做工精良的丹麦家具得到高度评价，大受欢迎，其中尤以芬·尤尔、汉斯·维纳设计的家具尤为瞩目。

关于匠师协会展，家具设计师、丹麦设计杂志《摩比里亚》（mobilia）编辑格蕾特·雅尔克整理了《丹麦家具 40 年》[27]（40 Years of Danish Furniture Design）图鉴，共有四册，从中可以领略当时热烈的气氛。

南娜和乔根·迪策尔夫妇的匠师协会展（1945 年）展位。家具制作者为路易斯·G. 西亚森。

4）黄金期向一般市民普及优质家具的 FDB 莫布勒

诞生于 19 世纪末的消费者合作社 FDB

FDB 是丹麦在 19 世纪末成立的消费者合作社 "Fællesforeningen for Danmarks Brugsforeninger" 的简称。

1844 年，在英国曼彻斯特北部城市罗奇代尔，诞生了世界上最早的合作社。受其影响，由汉斯·克里斯蒂安·索恩牧师主导，于 1866 年在日德兰半岛北部城镇齐斯泰兹成立了丹麦最早的合作社。1884 年，首都哥本哈根所在的西兰岛成立了另一个合作社。1896 年，这两个合作社合并，诞生了覆盖丹麦全境的合作社，这就是 FDB。

FDB 成立之初，主要通过加盟的店铺销售咖啡、巧克力、人造黄油等食品，也销售绳索、肥皂等生活用品。随着组织的规模越来越大，它也开始经营衣料，店铺数量在不断增加。1890 年约有 400 家店铺，1913 年增加到 1 500 家，1942 年增加到将近 2 000 家。合作社成员人数达 40 万。当时丹麦人口约 390 万。每十个丹麦人里就有一个是合作社成员。

1900 年前后，FDB 开始经营家具。一直到 20 世纪 30 年代，卖的都是老式家具，这些家具和现代设计的家具相去甚远。1931 年的 FDB 产品目录上介绍的餐椅，靠背上有雕刻，腿是弯腿（Cabriole legs）。

伯格·摩根森出任原创家具开发负责人

FDB 正式从上述古典家具转向现代家具，是在进入 20 世纪 40 年代以后。当时担任 FDB 社长的弗雷德里克·尼尔森[28]招聘建筑师斯蒂芬·艾勒·拉斯穆森[29]做顾问，开始对日用品进行改革。1941 年夏，FDB 在工艺博物馆举办了优秀日用品展。

1942 年，以开发 FDB 品牌的原创家具为目的的 FDB 莫布勒成立，负责人是在匠师协会展上大出风头的伯格·摩根森。也许是因为他的展示内容和斯蒂芬·艾勒·拉斯穆森所描绘的理想的现代住宅最为一致。这一年，伯格·摩根森 28 岁。刚从丹麦皇家艺术学院毕业，他就已经在实践凯尔·柯林特的设计方法论，致力于开发现代、实用且价格低廉的家具，而这正是 FDB 的目标。

第二次世界大战期间，由于物资匮乏，难以制作沙发等软体家具，此前用于制造家具的桃花心木等高级木材也无法继续进口。但是，摩根森利用可以在丹麦国内采伐的山毛榉[30]，度过了这一困难时期。

山毛榉干燥后容易弯曲变形，而且容易腐烂，因此多年以来，很少用于制作家具。但是，它具有很强的抗弯性，不易折断，适合加工成棒状材料，也适于索耐特开发的曲木工艺加工。摩根森为了发挥山毛榉的特性，向英国的温莎椅和美国的夏克式家具追本溯源，通过对这些家具进行重新设计，开

28 **弗雷德里克·尼尔森**
Frederik Nielsen（1881—1962）。

29 **斯蒂芬·艾勒·拉斯穆森**
Steen Eiler Rasmussen（1898—1990），丹麦建筑师、城市规划师。著作有《城市与建筑》（Tows and Buildings）等。

30 **山毛榉**
Beech（丹麦语：Bøg）。丹麦家具使用的主要是欧洲山毛榉（丹麦山毛榉）。

发出了 FDB 莫布勒最早的原创家具系列[31]。

功能性家具实现量产，销售体系不断充实

柯林特设计的家具使用的是高价的进口木材，而且由师傅级别的家具匠师打造，导致价格昂贵。与之相对的，摩根森主导设计的 FDB 莫布勒家具以使用丹麦国产木材、工厂量产为前提，因此普通人家也能买得起。

这些家具与其他家具工厂大批量生产的粗制滥造的家具相比，无论在设计上，还是在功能上，都迥然不同。可以说，这正是为平民而造的理想家具。FDB 莫布勒通过向平民敞开设计的大门，实践了消除社会差距这一现代主义思想。

1946 年，FDB 莫布勒为了强化生产体制，收购了合作多年的察姆的家具工厂[32]，销售体制也日渐完善。1944 年，FDB 莫布勒首家专卖店在哥本哈根开张。1948 年，店铺扩张到了欧登塞、科灵、埃斯比约和奥尔堡等主要城市。1949 年，丹麦第二大城市奥胡斯的专卖店也开张了。

FDB 的会员不仅可以到这些 FDB 莫布勒专卖店亲自选购现代家具，还可以到遍布丹麦各地的约 2 000 家连锁店查阅产品目录[33]进行订购。就这样，FDB 莫布勒凭借 FDB 压倒性的规模优势，销量稳步增加。

FDB 莫布勒不仅面向城市居民，也普及其他地区

但是，FDB 莫布勒倡导的现代风格的家具并

31 对温莎椅重新设计而成的椅子（J6）。参见 P42。

32 察姆（Tarm，日德兰半岛中西部城镇）的名为 Tarm Stole og Møbelfabrik 的家具制造商（后来的奎斯特公司）。

33 FDB 莫布勒的产品目录

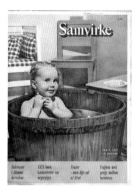

34 《Samvirke》
1957 年 1 月刊。

35 保罗·沃尔德
Poul Volther（1923—2001）。
1949—1956 年他在 FDB 莫布勒任职。设计了温莎椅类型的椅子、沙发，尤为著名的是科罗娜椅。

36 埃文德·约翰逊
Ejvind A. Johansson（1923—2002）。他是第三代 FDB 莫布勒代表，设计作品有 J63、J67（下图）等。

非从一开始就被广泛接受。首先，需要让使用老式家具的会员理解在生活中引入现代家具的重要性。用来达到这一目的的是 FDB 发行的推广杂志《Samvirke》[34]。该杂志自 1928 年创刊以后，就一直在向会员倡导弗雷德里克·尼尔森理想中的平民的新生活方式。1942 年，FDB 莫布勒一成立，就开始通过该杂志宣传现代家具的魅力。

此外，FDB 还在 1945 年制作了一部近 30 分钟的促销短片，题为《光明幸福的未来！》（OG EN LYS, OG LYKKELIG, FREMTID!）。故事从年轻夫妇买房的场面开始。厚重的老式家具几乎占满了整个房间，但是换成 FDB 莫布勒推荐的家具之后，即使空间有限，也能满足功能上的需求。当时，为了找工作而移居城市的外地人越来越多，城市地区逐渐出现了住宅不足的问题。另外，从外地带来的大型家具被摆进狭小的住宅空间，令居住环境进一步恶化。

最早接受 FDB 莫布勒家具的，主要就是当初面临这一问题的城市地区，然后 FDB 莫布勒家具通过遍布全国的网络，逐渐扩张。费雷德里克·尼尔森和伯格·摩根森主导推进的 FDB 莫布勒事业，在 20 世纪 50 年代初两人离开后，由设计师保罗·沃尔德[35]、埃文德·约翰逊[36] 等人继承。FDB 莫布勒事业一直持续到 1968 年家具设计室关闭。其中，保罗·沃尔德于 1956 年设计的 J46[37]，仅在丹麦国内就卖出了 80 万把之多，平均下来，当时每 5 个丹麦人里，就有 1 个人拥有这把椅子。

穿越衰退期，
近年，FDB 莫布勒家具复刻再现

进入 20 世纪 70 年代的丹麦现代家具设计衰退期后，FDB 莫布勒也没有了黄金期的势头，察姆的家具工厂和 FDB 莫布勒的执照于 1980 年卖给了奎斯特公司[38]。FDB 莫布勒品牌成了过去，深埋在丹麦人的心底。

但是，从 20 世纪 90 年代中期开始，在黄金期设计出来的丹麦现代家具重新得到了肯定。近年，FDB 莫布勒的部分产品被复刻出来。看到这些复刻家具，肯定有很多丹麦人会怀念吧。

37　J46
保罗·沃尔德设计。

38　奎斯特公司
Kvist Møbler。2005 年，奎斯特公司拥有的 J39 等 FDB 莫布勒藏品被腓特烈西亚家具取得。现在，J39 由腓特烈西亚家具制造。

FDB 莫布勒产品目录内页（右图）。
价格页（上图）。

由温莎椅、夏克椅重新设计而来的 FDB 莫布勒椅子

【温莎椅】

梳背型

弓背型

吸烟人弓背椅

弓背型

【FDB 莫布勒椅子】

J4

J6

J52

J6（左）、J52（右）

【温莎椅】

恩菲尔德型

摇椅

【FDB 莫布勒椅子】

J39

J16（汉斯·维纳设计）

5）在黄金期对销售做出贡献的
　永久画廊

银匠凯·玻约森凭借其人脉，
促成永久画廊的设立

在丹麦，和家具一样，陶瓷器、玻璃制品、银制品等领域也都曾经有许多技艺精湛的匠师，他们秉持工匠精神，制作出了高品质的日用品。其中比较著名的品牌有皇家哥本哈根瓷器（1775 年创立）、侯米哥德（1825 年创立）、乔治杰生（1904 年创立）。然而，20 世纪 20 年代，各种日用品从国外涌入，丹麦产品被挤到了卖场的角落里。

银匠、设计师凯·玻约森[39]对这一情况产生了危机感。他想出的办法是通过常设展厅展出丹麦的高档日用品，让丹麦人重新认识到本国产品的魅力。这样做还有一个好处，就是可以更高效地向海外买家宣传丹麦产品的品质之高。

玻约森的人脉广，行动力强，他和老牌玻璃制造商侯米哥德的负责人克里斯蒂安·格劳巴勒合作，于 1931 年 7 月 8 日成立了组织运营委员会。格劳巴勒被选为委员长，玻约森被选为干事兼宣传委员。同年，在哥本哈根中央车站附近的韦斯特港口大厦二楼，开设了常设展厅——"永久画廊"（Den Permanente），集中展出丹麦的高品质日用品。

39 凯·玻约森
Kay Bojesen（1886—1958）。他也会设计木制玩具、家具等。他制作的木头猴尤为著名。

永久画廊的海报

展厅开放引关注

韦斯特港口大厦于 1931 年落成，是哥本哈根首座钢筋结构建筑。其外观由铜板覆盖，极具现代风格，一时成为话题风标。此外，建筑内部空间巨大，非常适合用作展厅。

尽管用于开设常设展厅的预算有限，该展还是引起了巨大的关注，而且得到了弗雷德里克王子的支持，终于成功开设。起初，它是纯粹的展示空间，观众并不能在现场购买展品。后来，提出购买需求的观众越来越多，该展改为订购模式。

展厅开设的第一年，观众人数约 10 万，其后一段时间也保持着增加的趋势。然而，5 年后，观众人数降到了每年 4.5 万。1937 年，展厅搬到一楼，观众人数再度增加，当年观众人数达到 19.5 万。

第二次世界大战导致周转资金不足，展览陷入存亡危机

1940 年，永久画廊迁址后，依然维持着可观的销量，然而，第二次世界大战的影响在所难免。1940 年 4 月 9 日清晨，德军越过日德兰半岛南端的国界线，仅仅用了不到 6 个小时就控制了丹麦。到 1945 年 5 月 5 日第二次世界大战结束之前，丹麦一直在纳粹德国的统治之下。

这期间，各种物资极度匮乏，工匠没有办法制作用于展出的展品。受影响尤其严重的是银匠和纺织匠。因为战时金属价格昂贵，用于制作日用品的原料也难以得到供应，纺织匠只好将旧的纺织品拆

掉重新编织，继续创作活动。

好在，家具匠师为了让木材干燥，有一定量的木材储备，因此家具在第二次世界大战期间得以继续生产。匠师协会展能够在第二次世界大战期间持续举办，可以说是这部分储备物资的功劳。

永久画廊的常设展厅在第二次世界大战期间也在勉强维持，1944年，德军占据了该建筑，展厅也不得不迁出，临时搬到斯楚格街上侯米哥德的店铺，办公室和仓库也分别搬到了其他地方。然而，等到第二次世界大战结束的时候，周转资金也终于用光了。

陷入存亡危机的永久画廊，大幅调整了运营委员会的成员，聘请奥格·延森担任新一任委员长，力图重建辉煌。永久画廊拿到了政府的战后补偿，又得到美术工艺协会、工业设计协会的援助，于1945年12月11日重新开放常设展厅，地点就在其发源地——韦斯特港口大厦的一楼。

积极进军海外，
丹麦家具及工艺品走向世界

运营委员会意识到海外宣传的重要性，聘请活跃于出版行业的阿斯加·费舍尔为新一任负责人。此后，费舍尔一直积极致力于向海外宣传高品质的丹麦日用品。这一努力取得了成果，来自海外的旅行者纷纷来到永久画廊。从1950年开始的10年间，销量提高到5倍以上，永久画廊成功地复活了。

小国丹麦的国内需求有限，然而丹麦的优质工

40 《工艺新闻》
1932 年，日本商工省工艺指导所创刊。除第二次世界大战期间休刊外，发行至 1974 年。1951 年至休刊由丸善出版部发行。上图为 1958 年 8 月期的封面。

艺品和日用品却通过永久画廊走向世界，产生了巨大的影响。同时，匠师协会展也呈现出一派繁荣景象。匠师协会展上展出的家具也通过永久画廊飞向世界。在日本，也有美术馆、百货店举办过相关展览，通过《工艺新闻》[40] 等杂志，可略知当年的盛况。

为保证质量，展品评审系统公平而严格

永久画廊的知名度如此之高，无数制造商都希望能来此展出作品。永久画廊是如何保证质量的呢？它凭借的是一套公平而严格的评审系统。

无论生产规模的大小，所有制造商都可以向参展评审委员会提交自己希望在永久画廊展出的产品，由评审委员会成员投票决定能否参展。如果制造商的产品质量得到肯定，但是在参展时没有准备好必要数量的产品，则会给一年的准备时间。

允许参展的制造商可以出席年度大会，并可投票选举运营委员，借由这一制度，参展方的意向能够在永久画廊的运营过程中得以体现。在这样民主的运营体制下，永久画廊并不是一味追求利润的商店，而更像是以向世界宣传丹麦日用品质量之高为目的的合作社组织，这一点可谓意义重大。

借由永久画廊的长期努力，丹麦的日用品取得了稳固的国际地位。1958 年，永久画廊因其取得的成就，获得了意大利的国际设计奖——金圆规奖。

20 世纪 80 年代陷入经营困难

永久画廊面向海外的宣传战略效果显著，以出

口为中心，销量不断提高，常设展厅也从韦斯特港口大厦的一楼扩大到了二楼。然而，到了20世纪70年代后期，永久画廊逐渐显露颓势，销量下降，组织凝聚力也逐渐丧失。最终，在1981年，永久画廊的经营难以再维持了。

永久画廊一度接受日本企业厨房之家（Kitchenhouse）的出资，维持经营，但是到了1989年，常设展厅已经没有了，持续了半个多世纪的丹麦现代设计旗舰店落下了它漫长历史的帷幕。如今，韦斯特港口大厦已经成为入驻银行等机构的办公楼[41]，昔日的风采荡然无存，然而，已变成青绿色的铜板主立面似乎仍散发着永久画廊镌刻下的历史光辉。

41 已经入驻了银行等机构的韦斯特港口大厦。

永久画廊的产品目录（20世纪70年代前期）

永久画廊的橱窗（20世纪70年代前期）

6）黄金期结束，走向衰退期

为何走向衰退，原因有四

经历了 20 世纪 40 年代到 60 年代的黄金期，丹麦现代家具设计在进入 70 年代后开始显露颓势，进入漫长的衰退期。以下是丹麦家具设计一时失势的四个原因。

首先，经过黄金期之后，以美国为中心，海外对丹麦现代家具的需求量一下子增大了。黄金期的丹麦家具制造业主要是由家具匠师支撑的。当时的家具工房大多由 20 到 30 名家具匠师构成。这种小规模的工房要应付国内外涌来的大量订单，就没有余力再和家具设计师、建筑师合作，开发新作品。也可能是因为诞生于黄金期的家具太受欢迎，销路太好而导致了家具匠师们的懈怠。

其次，家具匠师老龄化。黄金期的家具制作是在设计师和家具匠师的通力合作下开花结果的。双方齐心协力，向世界输出了无数的名作。但是，随着战后的现代化建设，丹麦的家具制作也从家具工房的少量生产，变为大规模工厂的大量生产。曾经，在师徒制度下，丹麦有许多拥有高超木工技术的家具匠师，然而随着时代的变化，家具匠师的数量不断减少。很多家具工房因为后继无人而被迫歇业。

再次，和家具匠师老龄化一样，活跃于黄金期的著名家具设计师和建筑师也步入老年，随后陆续去世，可以说这也是衰退的原因之一。阿恩·雅各布森、奥尔·温谢尔、芬·尤尔、伯格·摩根森、保罗·克耶霍尔姆都去世于 20 世纪 70 年代到 80 年代。

不再现代？

除上述三条以外，还有第四条，也可以认为是丹麦现代家具设计流行终结的原因之一。从 20 世纪 60 年代中期到 70 年代，以嬉皮士为代表的流行文化兴起，兴盛一时的丹麦家具也被视为过时的东西。80 年代的后现代主义运动也加速了丹麦现代家具设计的衰落。此外，宜家（IKEA）等具有休闲风格并追求性价比的家具被年轻人所接受，这对丹麦家具的衰落也不无影响。

当时，负责《纽约时报》建筑评论版的艾达·刘易斯·哈克斯特贝尔在 1980 年的报道中写道："丹麦现代主义究竟发生了什么？已经不再现代了。"这宣告了一个时代的结束。

◉20 世纪 60 年代中期到 90 年代初歇业、破产以及被收
　购的主要家具制造商

- Ry Møbler
- ANDR TUCK
- AP Stolen

- CADO
- C.M. 麦森
- Søborg Møbler

- France&Son
- P. Lauritsen & Son
- 约翰尼斯·汉森

7）从 20 世纪 90 年代中期开始
进入复兴期

北欧设计的中心——丹麦家具及餐具

尽管在 20 世纪 80 年代一度衰退，但是丹麦现代家具设计并没有完全没落。在日本，从 90 年代中期开始，丹麦设计逐渐被重新肯定，2000 年以后，"北欧设计"这块招牌，多次通过媒体介绍给大众。这也许是因为泡沫经济崩溃后，人们不再追求张扬自我，不再关注表面的奢华，而是更关注本质上优秀的元素。

其后，"北欧设计"作为室内装潢设计的一个流派，获得了稳固的地位。特别是丹麦家具，被视为"北欧设计"的中心，经常登上室内装潢杂志及时尚杂志等刊物。

Kasper Salto
卡斯帕·萨尔托

复数（Pluralis）桌

丹麦现代家具设计重新获得肯定的现象，在日本以外的地区也同样发生，黄金期制作的旧家具在全世界以高昂的价格被拍卖。据说，刚开始得到重新肯定的时候，丹麦国内旧家具店的仓库里，旧家具堆积如山。后来，这些旧家具流入美国、日本、中国等国家，存货越来越少，现在价格高涨，越来越难以入手。

2000 年前后，normann COPENHAGEN[42]、HAY[43]、muuto[44] 等新品牌问世，这些品牌不局限于家具，而是综合制作照明器具、生活杂货等，为近年的丹麦设计注入了一缕新风。此外，以卡斯帕·萨尔托、塞西莉·曼兹等为代表的新一代设计师也相当活跃。

关于丹麦家具设计最近的动向及现状，将在第五章中详述。

42 normann COPENHAGEN
1999 年，由简·安德森（Jan Andersen）和保罗·马德森（Poul Madsen）设立，销售由西蒙·莱加尔德等年轻设计师设计的家具。

43 HAY
参见 P225、P226。

44 muuto
参见 P225、P226。

Cecilie Manz
塞西莉·曼兹

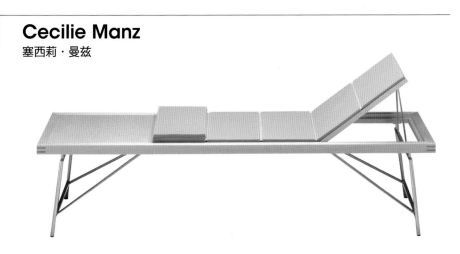

低表面（LOW SURFACE）

匠师协会展展出家具所使用的木材

下图[⊖]显示匠师协会展（1927—1966 年）展出家具代表性木材的使用频率的变化。如图所示，桃花心木、柚木、玫瑰木等曾经被大量使用。现在这些都被视为珍稀木材，流通受到限制。近年，提到北欧家具，人们的印象往往是白色木材，但是在黄金期，这些深色木材也深受消费者喜爱。

其中，桃花心木在展览会开始之初就确立了高档木材的地位，从 20 世纪 30 年代到 40 年代迎来了全盛期。但是，自从优质桃花心木供应地古巴于 1946 年禁止出口以后，其使用量就逐渐减少，取而代之的橡木、柚木、玫瑰木开始被频繁使用。柚木、玫瑰木使用增加的原因是，加工所用锯刃的升级，使得树脂成分较多的柚木、质地较硬的玫瑰木变得易于加工。第二次世界大战结束后，丹麦国内易于采购的橡木也经常被使用。

当时用桃花心木、柚木、玫瑰木等制作的家具，近年作为古董，以高昂的价格进行交易。

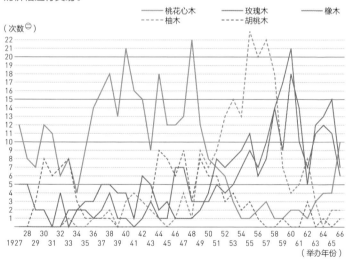

根据图鉴《丹麦家具 40 年》（格蕾特·雅尔克，P36）记载资料制作。
图鉴记载的各举办年份中该木材的出现次数。

CHAPTER

3

第三章

黄金期的
设计师和建筑师

以凯尔·柯林特为首，伯格·摩根森、汉斯·维纳、阿恩·雅各布森、芬·尤尔等人设计了大量名作

本章将介绍黄金期特别活跃的 9 位设计师、建筑师，以及从事独具特色活动的 8 位名家。

● 活跃于黄金期的设计师及其代表作 [年表]

	1890	1900	1910	1920	1930	1940	1950

凯尔·柯林特（Kaare Klint）
1888—1954
　14 福堡椅　27 红椅　33 教堂椅　36 游猎椅

雅各布·凯尔（Jacob Kjær）
1896—1957
　49 FN 椅

阿恩·雅各布森（Arne Jacobsen）
1902—1971
　34 贝尔维尤椅　52 蚂蚁

奥尔·温谢尔（Ole Wanscher）
1903—1985
　49 殖民椅　51 鸟喙

奥拉·莫嘉德·尼尔森（Orla Mølgaard-Nielsen）
1907—1993
　47 AX 椅

保罗·卡多维乌斯（Poul Cadovius）
1911—2011
　48 皇家系统

芬·尤尔（Finn Juhl）
1912—1989
　38 草猛椅　40 鹈鹕椅　41 诗人沙发　45 45号椅　49 酋长椅 埃及椅　5 日 黑

汉斯·维纳（Hans J. Wegner）
1914—2007
　44 中国椅 皮特椅　47 孔雀椅 Y形椅 圆椅 熊椅　49　51 圆椅（4

伯格·摩根森（Børge Mogensen）
1914—1972
　45 辐条背沙发 J39 狩猎椅　50

彼得·维特（Peter Hvidt）
1916—1986
　47 AX 椅

尼尔斯·奥拓·莫勒（Niels Otto Møller）
1920—1982
　51 71号

格蕾特·雅尔克（Grete Jalk）
1920—2006

伊布·考福德·拉森（Ib Kofod-Larsen）
1921—2003
　50 安乐椅　53 企

南娜·迪策尔（Nanna Ditzel）
1923—2005
　50 篮椅

维纳·潘顿（Verner Panton）
1926—1998

阿恩·沃戈尔（Arne Vodder）
1926—2009

保罗·克耶霍尔姆（Poul Kjærholm）
1929—1980
　51 PK0　52 PK25

凯·克里斯蒂安森（Kai Kristiansen）
1929—

◄——————— 萌芽期 ———————►✕—— 黄金期 —

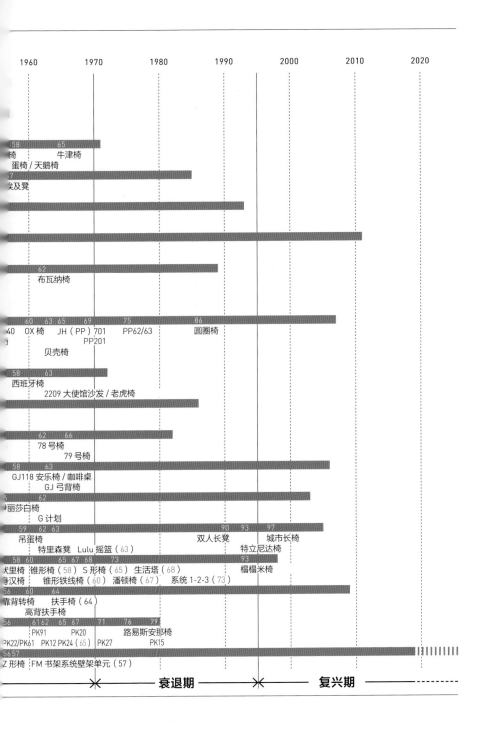

58   65
椅   牛津椅
蛋椅 / 天鹅椅
埃及凳

62
布瓦纳椅

60   63   65   69   75   86
40   OX 椅   JH（PP）701   PP62/63   圆圈椅
              PP201
贝壳椅

58   63
西班牙椅
2209 大使馆沙发 / 老虎椅

62   66
78 号椅
79 号椅

58   63
GJ118 安乐椅 / 咖啡桌
GJ 弓背椅

丽莎白椅
G 计划

59   62   63   90   93   97
吊蛋椅   特里森凳   Lulu 摇篮（63）   双人长凳   城市长椅
                                    特立尼达椅

58   60   65   66   73   93
犹里椅   锥形椅（58） S 形椅（65） 生活塔（68）   榻榻米椅
身汉椅   锥形铁线椅（60） 潘顿椅（67）   系统 1-2-3（73）

56   64
靠背转椅   扶手椅（64）
高背扶手椅

56   61 62   65 67   71   76   79
    PK91   PK20   路易斯安那椅
PK22/PK61   PK12 PK24（65） PK27   PK15

56 57
Z 形椅   FM 书架系统壁架单元（57）

活跃于黄金期的设计师之间的关系［关系图］

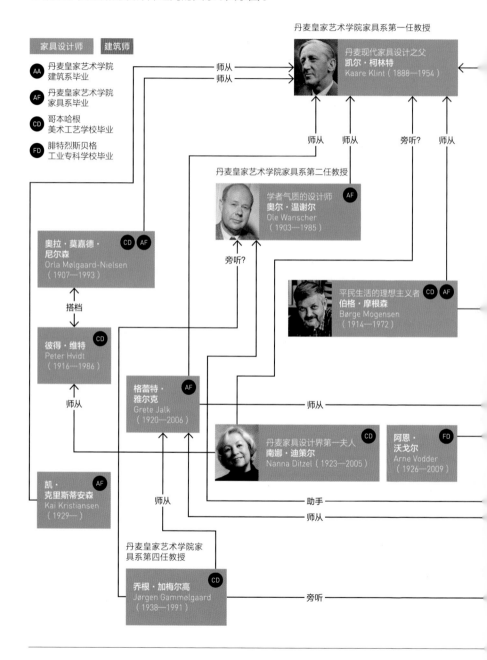

丹麦皇家艺术学院家具系第一任教授

家具设计师 **建筑师**

AA 丹麦皇家艺术学院
建筑系毕业

AF 丹麦皇家艺术学院
家具系毕业

CD 哥本哈根
美术工艺学校毕业

FD 腓特烈斯贝格
工业专科学校毕业

丹麦现代家具设计之父
凯尔·柯林特
Kaare Klint（1888—1954）

师从

师从

师从 师从 旁听？ 师从

丹麦皇家艺术学院家具系第二任教授

学者气质的设计师
奥尔·温谢尔
Ole Wanscher
（1903—1985）
AF

旁听？

奥拉·莫嘉德·
尼尔森
Orla Mølgaard-Nielsen
（1907—1993）
CD **AF**

平民生活的理想主义者
伯格·摩根森
Børge Mogensen
（1914—1972）
CD **AF**

搭档

彼得·维特
Peter Hvidt
（1916—1986）
CD

师从

格蕾特·
雅尔克
Grete Jalk
（1920—2006）
AF

师从

丹麦家具设计界第一夫人
南娜·迪策尔
Nanna Ditzel（1923—2005）
CD

阿恩·
沃戈尔
Arne Vodder
（1926—2009）
FD

凯·
克里斯蒂安森
Kai Kristiansen
（1929— ）
AF

师从

助手

师从

丹麦皇家艺术学院家
具系第四任教授

乔根·加梅尔高
Jørgen Gammelgaard
（1938—1991）
CD

旁听

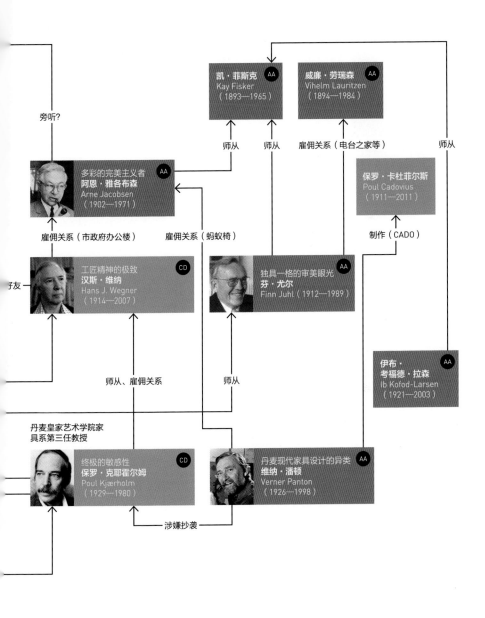

旁听?

凯·菲斯克 AA
Kay Fisker
（1893—1965）

威廉·劳瑞森 AA
Vihelm Lauritzen
（1894—1984）

师从　　师从　　雇佣关系（电台之家等）　　师从

多彩的完美主义者 AA
阿恩·雅各布森
Arne Jacobsen
（1902—1971）

保罗·卡杜菲尔斯
Poul Cadovius
（1911—2011）

雇佣关系（市政府办公楼）　　雇佣关系（蚂蚁椅）　　制作（CADO）

工匠精神的极致 CD
汉斯·维纳
Hans J. Wegner
（1914—2007）

独具一格的审美眼光 AA
芬·尤尔
Finn Juhl（1912—1989）

孩友

伊布·
考福德·拉森 AA
Ib Kofod-Larsen
（1921—2003）

师从、雇佣关系　　师从

丹麦皇家艺术学院家
具系第三任教授

终极的敏感性 CD
保罗·克耶霍尔姆
Poul Kjærholm
（1929—1980）

丹麦现代家具设计的异类 AA
维纳·潘顿
Verner Panton
（1926—1998）

涉嫌抄袭

Kaare Klint

丹麦现代家具设计之父
凯尔·柯林特
（1888—1954）

给后来的设计师带来巨大影响

正如上一章介绍的，凯尔·柯林特作为丹麦现代家具设计之父，给后来的设计师带来巨大影响。凯尔·柯林特（以下称"柯林特"）于 1888 年 12 月 15 日出生于与哥本哈根相邻的腓特烈斯贝格地区的一个建筑世家，父亲延森·柯林特[1] 因设计格伦特维教堂而闻名于世。

凯尔·柯林特幼年开始学习绘画，后来渐渐对父亲的工作感兴趣，15 岁后追随父亲开始学习建筑设计。之后，他在卡尔·彼得森[2] 的建筑事务所做助理工作，在这期间，不仅仅是建筑，他对建筑里陈列的家具设计也渐渐产生了兴趣。1914 年，他设计了一把椅子，这对之后百花绽放的丹麦现代家具设计产生了深远意义。

负责福堡美术馆的家具设计

菲英岛南部港口城市福堡新建美术馆时，委托卡尔·彼得森进行设计。卡尔·彼得森决定依照当时流行的北欧新古典主义来设计该美术馆，引入让人联想到希腊和罗马古典建筑的柱[3] 和壁带[4]，采

1 **延森·柯林特**
Jensen Klint（1853—1930）。

2 **卡尔·彼得森**
Carl Petersen（1874—1923）。

3 **柱**
Column，古希腊、罗马建筑中使用的圆柱。

4 **壁带**
Cornice，古希腊、罗马建筑中，圆柱支撑的水平部分的突出部分，上面铸有雕刻。

用象征现代建筑的建材混凝土，给人以简单朴素、干净利落的印象。柯林特负责该美术馆中陈列的家具的设计，采用与建筑同样的风格尝试进行家具设计，也是必然的。

他参考古希腊时期流行的兼具美感和功能性的克里斯莫斯椅[5]，设计了展厅用的椅子。克里斯莫斯椅的特点是，椅子腿前后向外弯曲，椅背呈大弯曲面，这在古希腊时代的浮雕工艺中经常出现。

另外，即便从 18 世纪中期到 19 世纪初以法国为主的国家流行新古典主义，这种椅子也作为绘画时的小道具搬上舞台，博得贵族群体的喜爱。福堡美术馆汲取北欧新古典建筑风格，对柯林特来说，要设计该美术馆中使用的椅子，克里斯莫斯椅是最合适的参考源。

5 克里斯莫斯椅
Klismos，古希腊时代使用的一种椅子，现已不存在。柯林特、凯·戈特洛布等人根据壁画等描绘的样子想象，设计了克里斯莫斯样式的椅子。

保留古典风格，结合环境进行重新设计

最重要的是，椅子设计不是像建筑设计那样，一味地模仿古典，而是要简化构成要素，设计出简约的造型，与此同时，还必须结合展厅这种特殊的环境进行重新设计。因此，柯林特力求设计无论视觉上还是重量上都轻量的椅子，他决定使用藤，这样，就可以把椅子移动到美术作品前慢慢鉴赏。而且，人们也可以透过藤编织的椅面看到漂亮的地砖。

弯曲的椅背延伸至椅子前脚，发挥了扶手的作用，提高了舒适性。这种通过扶手将椅背和前脚链

接起来的结构，应该是他参考了父亲延森·柯林特于1910年设计的框架椅[6]。

另外无论是椅脚斜向弯曲，椅子放置在地面后，椅脚支撑着椅背的结构，还是宽阔、大幅弯曲的椅背，都可以捕捉到克里斯莫斯椅的影子。这样的椅脚将柯林特高超的设计能力和造型能力发挥得淋漓尽致。椅背曲面的半径和座面前部的尺寸呈黄金比例，可以看出这把椅子的设计还运用了数学研究方法。这也可以说是柯林特把从卡尔·彼得森学习到的建筑比例结构法应用在家具设计中的一个例子。

也可以看出，后来在丹麦皇家艺术学院家具系教授学生的家具设计方法论，都是已经在福堡美术

福堡美术馆展厅放置的福堡椅

约翰·罗德为阿尔弗雷德·珀耳斯博士（Dr. Alfred Pers）设计的椅子（1898年）

6 框架椅

延森·柯林特（凯尔·柯林特的父亲）设计（1910年）。

7 福堡椅

Faaborg Chair，鲁德·拉斯穆森工房制作（凯尔·柯林特，1914年）。

丹麦艺术品交易所的椅子（凯尔·柯林特，1917年设计）

托瓦尔森美术馆的椅子（凯尔·柯林特，1922年设计）

馆的家具设计中实践过的。对于当时年仅 26 岁的柯林特来说，这些经验都是宝贵的财富。

　　这把椅子被称为福堡椅[7]，现在依然陈列在福堡美术馆迎接各位参观者的到来。1997 年，丹麦的邮局发行了以丹麦设计为主题的邮票系列[8]，福堡椅也在其中。福堡椅作为凯尔·柯林特的代表作，深受青睐。

8 福堡椅图案的邮票。

首相（斯陶宁首相）的椅子
（1930年）。它是由红椅衍生而
来的扶手椅。

在丹麦皇家艺术学院任教，
同时全身心设计家具

在福堡美术馆项目中担任家具设计师，崭露头角的柯林特，通过改版福堡椅设计的托瓦尔森博物馆 [9] 事务所用的椅子，让他在哥本哈根再次声名大噪。1923 年，他协助丹麦皇家艺术学院设立家具系，次年，也就是 1924 年，他担任该学校讲师（后来就任教授），站上讲台，长年致力于培养新晋设计师。柯林特作为教育者的贡献正如上一章所述。

1926 年，市政府前广场上的丹麦工艺博物馆搬迁至丹麦最古老的医院弗雷德里克斯医院（1757—1910 年）遗址，柯林特与伊瓦尔·本特森、托基尔·汉宁林等人共同承担了建筑翻新的工作。

当时柯林特结合展览计划，设计了展示物件的家具类物件。其中之一就是讲堂用的红椅 [10]，它是对齐本德尔式椅子进行重新设计而来的。

1933 年，柯林特着手设计了组装式游猎椅 [11]。这是对英国人在南非等地狩猎时用的椅子重新设计而成的。1929 年出版的一本关于狩猎旅行的书上刊载了这种椅子的照片，柯林特看到后很感兴趣。之后，他特地从英国买来同样的椅子，研究其独特的结构，应用在自己的作品中。

同时期，柯林特还设计了折叠式甲板椅。这原本是远航的大型客船甲板上使用的长椅。柯林特将座面和椅背使用藤蔓进行编织，将其轻量化，变身为花园家具。这款椅子在运输或闲置时很节省空间，体现了柯林特对轻量化和舒适性的一贯追求。

子承父业，继续教堂建筑设计

1930 年，父亲延森·柯林特去世，这段时期，柯林特继承父业，参与了两座教堂的建筑设计。一座是格伦特维教堂 [12]，该教堂建在哥本哈根西北部郊外，主要是为了纪念丹麦伟大的牧师、哲学家和教育家尼古拉·F. S. 格伦特维 [13] 而建造的。另一座是伯利恒教堂 [14]，建在哥本哈根中心地区。两座教堂都是这个时期建造的，外观造型很像，都会让人联想到管风琴，不过规模却相差甚远。伯利恒教堂被夹在市区的住宅区中，看上去有点拘谨，而格伦特维教堂规模宏大，直插云霄，即便距离很远，也能很清楚地看到它。

1921 年，格伦特维教堂第一期施工开始，经过 6 年时间，1927 年，西侧的塔楼完工。这时，延森·柯林特写信给哥本哈根市市长，希望剩下的施工交给儿子凯尔·柯林特指挥。此时，74 岁的延森·柯林特预感自己很难在有生之年看到教堂竣工，如果按照图纸进行施工，交给其他建筑师续建也未尝不可，但是，建筑现场会有意想不到的变化。凯尔·柯林特自幼对父亲的工作耳濡目染，除他以外，没有第二个能继承这份重要事业的建筑师了。

出于同样的理由，延森·柯林特把伯利恒教堂的施工也交给了儿子。后来，延森·柯林特没有等到任何一座教堂完工，于 1930 年 12 月 1 日去世，在格伦特维教堂的塔楼部分举办了他的葬礼。

12 格伦特维教堂

13 尼古拉·F.S. 格伦特维
Nikolaj Frederik Severin Grundtvig
（1783—1872）。

14 伯利恒教堂

设计教堂内使用的椅子和照明灯具

15、16、18、19
    参见 P68。

17 震教徒
    1850 年左右，6 000 多名教徒
    生活在 18 个社区。后来，成
    员不断减少，1965 年最后一个
    社区关闭。

20 Pew

在柯林特父子的努力下建造的两座教堂内，整齐地陈列着教堂椅[15]，这种椅子是对夏克椅[16]的重新设计。震教起源于 18 世纪的英格兰，是公谊会的分支，震教徒们在社区内制造的椅子，被称为夏克椅。18 世纪后半期，多名教徒为了追求新天地移居美国，在美国东北部形成社区[17]。社区在严格的规则下，过着自给自足、朴素的共同生活，他们自己制作家具等生活必需的日用品，并共同享用。

夏克椅，参照英国的梯背椅[18]制作而成，这种简约洗练的设计，不光柯林特，他的学生伯格·摩根森也在其代表作之一 J39[19] 中加以应用。

教堂的椅子由当时丹麦规模最大的家具工厂弗里茨·汉森制造。两座教堂加起来一共需要 2 500 多把教堂椅，能够量产这么多椅子的制造商非弗里茨·汉森莫属。

很久以来，丹麦的教堂一般都摆放一种叫作 Pew[20] 的长椅，此次设计的教堂椅是首次在丹麦教堂摆放的独立型的椅子。

因为设计教堂椅的前提是在教堂使用，所以柯林特做了一些特别的设计，比如，椅背后面有收纳赞美歌集的盒子，椅座下面可以放帽子和鞋子。前腿上方的内侧，设计有皮革制成的环，用一根长棍穿入环内，可以将椅子整齐地排列起来。椅子的座面并非是现在日本常见的纸绳[21]，而是用海草编织而成的。

　　当时，伴随电灯的刚刚普及，人们开始讨论教堂内使用的照明灯具。和蜡烛发出的柔光不同，电灯发出的光眩目刺眼，因此需要灯罩来缓和。柯林特对日本文化很感兴趣，他想到在天花板上悬挂日式灯笼作为灯罩。想必透过日本纸发出的柔光，令他感到非常有魅力。柯林特在伯利恒教堂的天花板上悬挂灯笼做试验，结果美得令他陶醉。于是他向教堂设立委员会提议，可能是因为这样的尝试过于新颖，委员会没有采纳。但是，他并没有放弃，而是参考灯笼设计了纸质灯罩[22]，挂在了伯利恒教堂。可以说，这里也发挥了重新设计的精神。

　　另外，凯尔·柯林特的哥哥塔格·柯林特[23]于1943年创立 LE 柯林特（LE KLINT），该品牌和路易斯·保尔森（Louis Poulsen）齐名，均为丹麦照明灯具代表厂商。灵感源于父亲延森·柯林特出于兴趣用纸折的灯罩。凯尔·柯林特自不必说，他的儿子艾斯本·柯林特[24]也是设计师。艾斯本参与设计格伦特维教堂的枝形吊灯和教堂内摆放的管风琴。柯林特家祖孙三代人都参与了格伦特维教堂的设计。

学生纷纷继承凯尔·柯林特的精神

　　凯尔·柯林特于 1954 年去世，正值丹麦现代家具设计的黄金时期。他所提倡的设计方法论，由丹麦皇家艺术学院家具系的学生继承下来，催生了无数名作。

21　纸绳（Paper cord）（上）和海草（Seagrass）（下）。干燥的海草是天然的材料。

22　凯尔·柯林特设计了多款纸质灯罩。上图是由 LE 柯林特发布的台灯（306 号），非教堂吊灯。

23　**塔格·柯林特**
　　Tage Klint（1884—1953）。

24　**艾斯本·柯林特**
　　Esben Klint（1915—1969）。

Kaare Klint

最后，总结一下凯尔·柯林特的主要功绩。

· 研究英国、希腊、中国等世界各地过去使用过的椅子，重新进行设计。

· 根据人体结构、日用品尺寸，用数学的方法设计家具。

· 推进家具设计师和家具匠师的协作。

· 培养奥尔·温谢尔、伯格·摩根森等后起之秀。

由于这些功绩，凯尔·柯林特被誉为"丹麦现代家具设计之父"。如果没有他，丹麦家具的模样肯定会大为不同。不仅是丹麦，可以说，凯尔·柯林特对现代椅子的设计都有着深远影响。

红椅（鲁德·拉斯穆森工房制作）。
图为早期款式，镶有铆钉

游猎椅（鲁德·拉斯穆森工房制作）。原型是英国人在
大草原上狩猎时用的椅子，由柯林特重新设计而成。因
为游牧时在帐篷中生活的需要，所以考虑设计为组装式
（可拆卸的），拆开收纳，可以节省空间

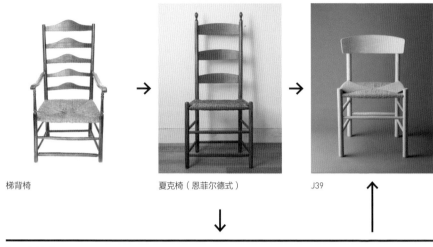

梯背椅 　　　　　　　　夏克椅（恩菲尔德式）　　　　　J39

【教堂椅】

伯利恒教堂里摆的教堂椅。大部分椅背外侧都设计有小盒子（有的没有）。用木棍穿过椅座下的环，可以把椅子排列整齐

⦿ 凯尔·柯林特　年谱

年	年龄	
1888		出生在邻近哥本哈根的腓特烈斯贝格地区（12月15日）。
1903	15岁	开始跟随父亲延森·柯林特学习建筑设计。 之后，在卡尔·彼得森的建筑事务所做助理工作。
1914	26岁	设计福堡美术馆展厅用的福堡椅。
1917	29岁	为丹麦艺术品交易所设计椅子。
1920	32岁	伴随丹麦工艺博物馆搬迁，参与腓特烈斯贝格的医院的翻新（一1926年）。
1922	34岁	设计了托瓦尔森博物馆事务所用的椅子。
1923	35岁	协助丹麦皇家艺术学院设立家具系。
1924	36岁	担任丹麦皇家艺术学院家具系讲师（一1944年）。
1926	38岁	丹麦工艺博物馆迁至弗雷德里克斯医院，和伊瓦尔·本特森等人共同完成翻新工作。
1927	39岁	参与策划匠师协会展。 设计红椅。
1928	40岁	在匠师协会展发布巧用白银比设计的餐具架，获艾克斯贝格奖。
1930	42岁	父亲延森·柯林特去世后，继承伯利恒教堂和格伦特维教堂的建筑设计。 发布螺旋桨凳（1956年试作，1962年开始制造）。
1933	45岁	在匠师协会展发布游猎椅和折叠式躺椅。
1936	48岁	设计教堂椅。
1937	49岁	伯利恒教堂竣工。
1938	50岁	在匠师协会展发布球形床（The Spherical Bed）。
1940	52岁	格伦特维教堂竣工。
1943	55岁	哥哥塔格·柯林特创立 LE 柯林特（LE KLINT），凯尔·柯林特为其设计 Logo。
1944	56岁	担任丹麦皇家艺术学院家具系教授（一1954年）。 在 LE 柯林特发布和纸吊灯（101号）。
1945	57岁	在 LE 柯林特发布餐桌灯（306号）。
1949	61岁	获得由伦敦皇家美术协会颁发的英国工业设计师协会勋章。
1954	65岁	获 C.F. 汉森奖。 去世（3月28日）。

Ole Wanscher

学者气质的设计师

奥尔·温谢尔

（1903—1985）

———

凯尔·柯林特的亲传弟子

奥尔·温谢尔于 1903 年 9 月 16 日出生于哥本哈根。1925 年至 1929 年，他一边在丹麦皇家艺术学院家具系学习家具设计，一边在凯尔·柯林特事务所上班，是柯林特的爱徒之一。他还曾参与设计红椅（柯林特名作）。

柯林特去世后，奥尔·温谢尔和柯林特的另一个爱徒伯格·摩根森，以及当时活跃在美国设计界的芬·尤尔竞争家具系教授的职位。最终遴选委员会选择了奥尔·温谢尔，因为他有很多关于家具研究的著作，学术成就更高。1955 年到 1973 年任教期间，温谢尔勤于培养设计人才，从事家具研究，可以说奥尔·温谢尔是一位学者型的设计师。

从丹麦皇家艺术学院毕业后，温谢尔于 1929 年成立了设计事务所，通过多家制造商发布自己设计的家具。

温谢尔不愧是柯林特的学生，他设计的家具都有明确的源头，这些源头不光来自英国，也来自希腊、埃及、中国。温谢尔的父亲威廉·温谢尔[1] 是艺术史学家，受父亲影响，温谢尔对全世界的家具

1 威廉·温谢尔
Vilhelm Wanscher
（1875—1961）。

历史进行了研究。可以说，温谢尔设计的家具，就是其研究成果的体现。

采用玫瑰木等高档木材的优雅家具

如果要用一个词来形容温谢尔设计的椅子，"优雅"再合适不过。纤细的框架用切割的玫瑰木或桃花心木制成，椅座则采用高品质的皮革和马毛进行编织，营造出优雅又高级的氛围。对于一般人而言，拥有这样一把椅子是可望而不可及的。温谢尔还和当时代表丹麦家具匠师的 A. J. 艾弗森、鲁道夫·拉斯穆森等联手，积极参加匠师协会展，留下诸多名作。

1933 年，温谢尔发布了由 A. J. 艾弗森制作的兼顾简约和功能性的桌子。温谢尔凭借这张桌子斩获了当年匠师协会展刚刚设立的设计竞赛奖。端正、匀称的比例，是温谢尔实践跟凯尔·柯林特学到的数学方法的结果。1940 年，温谢尔重新设计了齐本德尔式椅子，同年设计的另一把椅子，则可能是从中国的椅子中获得灵感（雅各布·凯尔工房制作）。

1951 年，温谢尔发布了由鲁道夫·拉斯穆森制作、扶手如鸟喙一般的椅子[2]。悬臂结构的扶手因为难以保证足够的强度，所以一般人们都敬而远之。尽管凭借鲁道夫·拉斯穆森高超的加工技术实现了这样的设计结构，但可能因为担心强度不够，当时没有实现量产。不过，近几年卡尔·汉森父子复刻了这把椅子。1957 年，温谢尔发布了由 A. J. 艾弗森制作的埃及凳[3]，让古代埃及使用的折叠凳重

咖啡桌。A. J. 艾弗森制作。桌面：108cm×80cm，高度：62cm

2 形如鸟喙的扶手椅。图为卡尔·汉森父子制作的 OW124（Beak Chair）。

3 埃及凳（Egyptian Stool）。参见下图 P72 及 P140。

埃及凳。最初由 A. J. 艾弗森制作。照片为 PJ 家具厂制作。现在由卡尔·汉森父子制作销售

4 保罗·吉普森
　　Poul Jeppesen 多被称作 PJ 家具厂（P.J.Furniture）。

6 殖民椅上的环

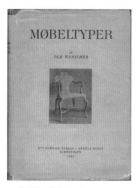

8 《家具风格》封面

获新生。

　　这些作品均使用玫瑰木、桃花心木等高档木材，尤其是玫瑰木，其质地坚硬，可以雕琢出纤细的造型。加上其特有的深沉色调和美丽的纹理，为温谢尔的作品平添优雅的气质。

温谢尔的古典家具研究对维纳等人影响很大

　　温谢尔也为普通人设计家具，这些家具往往以可机械化量产为前提。例如，1949 年，温谢尔通过保罗·吉普森家具厂[4] 发布的殖民椅[5]。该椅的设计在保持优雅气质的同时，考虑了用木工车床加工各个零件时的效率。座面藤编的部分可以在分离的状态下编到四方形的框架上，最终组装的时候，能够完美地扣合在椅座的框架上。座面和椅背上的垫子并非缝制在椅子上，而是独立的。椅背靠垫上有环[6]，可以挂在后侧椅脚的上端，成为整把椅子的点缀。

　　1949 年，温谢尔通过由英国人查尔斯·弗朗斯创立的量产家具制造商弗朗斯父子，发布了包括摇椅[7] 在内的单人休闲椅和沙发系列。

　　温谢尔写了很多关于家具研究的著作。1932年，他出版了《家具风格》（MØBELTYPER）[8] 一书。据说，汉斯·维纳就是在这本书上看到中国明代的椅子图片，从而深受启发，设计了他早期的代表作中国椅。温谢尔在椅子研究方面的功绩，同凯尔·柯林特一样，都给后来的设计师带来很大的影响。

5 殖民椅（Colonial Chair）

P.J.Furniture 制作。（右上）椅子背面制造商铭牌旁边贴着"丹麦家具品质管理委员会"的标签。（右下）撤掉垫子后的状态。

7 摇椅

弗朗斯父子制作。（左下）撤掉垫子后的状态。

齐本德尔式椅子（1750 年前后）

梯背椅（1770 年前后）

温谢尔设计的梯背椅（1946 年）

【餐厅椅】

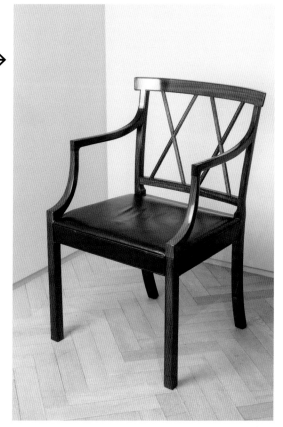

温谢尔设计的餐厅椅，深受齐本德尔式椅子的影响。使用玫瑰木

⦿ 奥尔 · 温谢尔　年谱

Ole Wanscher

年	年龄	
1903		出生于哥本哈根（9 月 16 日）。 父亲是美术史学家威廉·温谢尔。
1925	22 岁	在丹麦皇家艺术学院家具系学习家具设计（—1929 年）。 在学期间师从凯尔·柯林特。
1929	26 岁	开办设计事务所。
1931	28 岁	首次参加匠师协会展。
1932	29 岁	出版《家具风格》（MØBELTYPER）。
1933	30 岁	开始和阿恩·雅各布森合作。 在匠师协会展比赛中获奖。
1940	37 岁	重新设计齐本德尔式椅子、中国的椅子。 这些作品均在匠师协会展展出。
1941	38 岁	出版《家具艺术史概览》（Møbelkunstens Historie i Oversigt）。
1944	41 岁	出版《英式家具》（Engelske Møbler）。
1949	46 岁	开始和弗朗斯与达沃科森（后来的弗朗斯父子）合作。 发布殖民椅。
1951	48 岁	在匠师协会展上发布鸟喙椅。
1954	51 岁	在匠师协会展上发布扶手椅。
1955	52 岁	出任丹麦皇家艺术学院教授。
1957	54 岁	在匠师协会展上发布埃及凳。
1960	57 岁	获米兰三年展金牌。
1963	60 岁	在匠师协会展上举办 60 岁纪念展。
1967	64 岁	出版《家具艺术——家具与室内装饰 5000 年》 （THE ART OF FURNITURE 5000 YEARS OF FURNITURE AND INTERIORS）。
1973	70 岁	卸任丹麦皇家艺术学院家具系教授。
1985	82 岁	去世（12 月 27 日）。

Børge Mogensen

平民生活的理想主义者
伯格·摩根森
（1914—1972）

———

在哥本哈根邂逅终生挚友汉斯·维纳

日德兰半岛北部最大的城市。
人口约 215 000（2019 年 1 月
统计）。从哥本哈根乘城际列
车需 4~5 小时到达。

伯格·摩根森于 1914 年出生于日德兰半岛北部城市奥尔堡 [1]，兄妹三人，他排行老二。摩根森从小就对木工感兴趣，16 岁开始跟着本地的木工匠师当学徒。除了家具，有时他还要打棺材，拿着 30 到 40 克朗的月薪，积累经验。20 岁时拿到了木工师傅的资格。

1935 年，摩根森举家移居哥本哈根。从日德兰半岛北部的地方城市来到首都哥本哈根，环境的变化给了 21 岁的摩根森很大的刺激。当时的哥本哈根，因为匠师协会展和永久画廊的活动，现代设计方兴未艾。置身其中，摩根森感到了学习设计的必要性。于是，1936 年，摩根森进入哥本哈根美术工艺学校，正式开始学习家具设计。在这一时期，摩根森遇到了和他共同度过以后人生的两个人。

一个是在哥本哈根美术工艺学校和他同龄的汉斯·维纳。汉斯·维纳同样来自日德兰半岛，也是很小就在木工师傅手下当学徒，这些共同点让两个人一拍即合，开始共同生活在哥本哈根的公寓里。此后多年，两人既是好友，又是对手，一直保持着交流。

另一个人，是住在同一栋公寓楼上的女人爱丽丝。第二次世界大战期间的 1942 年，摩根森与爱丽丝结婚，直到 1972 年摩根森去世，两人一直生活在一起。爱丽丝一直在摩根森的身旁，支持他做设计师。

摩根森从哥本哈根美术工艺学校毕业后，又考入丹麦皇家艺术学院家具系，结识了一生的恩师凯尔·柯林特。摩根森学习了柯林特提倡的设计方法论，即在家具设计中应用以往的各种家具进行重新设计以及采用数学的方法。上学期间，摩根森还在柯林特和摩根斯·科赫的事务所做助手，积累了实务经验。

出任 FDB 莫布勒家具设计室负责人，推出普通人的椅子 J39 等

从丹麦皇家艺术学院毕业后，1942 年，摩根森迎来了巨大的转机。因为他在匠师协会展上崭露头角，在时任 FDB 顾问的建筑师斯蒂恩·埃勒·拉斯穆森的推荐下，摩根森年仅 28 岁就被提拔为 FDB 莫布勒家具设计室负责人。他在 FDB 莫布勒任职 8 年，一直按照消费者合作社的理念，为普通人设计功能性的家具。

花旗松木橱柜（1944 年）

2 自上而下依次是 J6、J52、J4。
参见 P42。

摩根森在 FDB 莫布勒任职期间，仍在实践凯尔·柯林特的设计方法论。1944 年发布的 FDB 莫布勒最早的原创家具系列中，梳背椅 J6 是对英国温莎椅重新设计的结果（1947 年经局部改良后，作为新型号 J52 发布），弓背椅 J4 则在靠背的拱形部分使用了蒸汽加工处理的曲木 [2]。这些椅子尽管座面都是木制的，但却很舒适，不仅适合用餐，也适合编织等长时间作业。这是专门为普通人而设计的，因为第二次世界大战期间物资不足，普通人无力购买沙发等软体家具。

1947 年，摩根森重新设计夏克椅，制作出了他任职 FDB 莫布勒时期的代表作 J39。这款椅子也可以看作是对柯林特的教堂椅的进一步重新设计。教堂椅的靠背像 4 级梯子，J39 则换成了大幅度弯曲的宽板，提高生产效率的同时，给人以干脆利落之感。最早发布时，座面是海草编的，因为第二次世界大战后物资匮乏，后来改成了纸绳。

J39 在丹麦被人们亲切地称为 Folkestolen（国民椅），至今仍广受人们喜爱。无论放在什么样的空间里，它都不会显得突兀，安安静静地发挥椅子的功能，这其中，凝缩了摩根森为普通人打造生活用具的心愿。

放在夏克桌 C18 周围的 J39。照片上的桌子，是依路姆斯·波利弗斯（Illums Bolighus）在 FDB 发布的型号基础上重新设计、销售的型号

以前丹麦农民用的椅子

教堂椅

夏克椅

J39

与汉斯·维纳合作，
辐条背沙发诞生

在 FDB 莫布勒工作的同时，伯格·摩根森也一直在参加匠师协会展。他发布了使用小叶桃花心木等高档木材、面向富裕阶层的家具，这是他在 FDB 莫布勒没有机会设计的。在 1944 年的展览上，摩根森和家具匠师 I. 克里斯蒂安合作，展示了为单身人士设计的起居室，其中包括书架、五斗柜、扶手椅和烟草柜等。用来收纳烟叶、烟袋的有脚烟草柜，运用了高超的工艺，制作精巧，褐色且有光泽的桃花心木与铜件的搭配非常美观。

1945 年夏，第二次世界大战结束不久，摩根森一家和维纳夫妇一起去西兰岛北部的港口城市吉勒莱厄度假。那年夏天雨水丰沛，大部分时间摩根森和维纳都待在室内，他们聊到当年的匠师协会展，决定一起合作，以公寓为主题设计展位。摩根森负责卧室，维纳负责餐厅，起居室则由两人共同设计。当时摩根森为起居室设计的辐条背沙发[3]，成为他的代表作之一，至今仍在生产。

辐条背沙发看上去像法国躺椅和英国温莎椅的合体，摩根森在参考以往设计的基础上，成功地设计出了前所未有的新式沙发。它并不是像一般的沙发那样，将整个框架用布或皮革包裹起来，而是将温莎椅座面降低的同时，扩大横向的宽度，然后把坐垫摆在上面。这款沙发从后面看上去也很轻巧、美观，无论放在房间哪个位置，都很和谐。通过皮绳可以调整一侧扶手的角度，用作躺椅也很舒服。

3 辐条背沙发（Spoke-back Sofa）
宽约 160cm，将右侧的靠背放倒
后接近 2m。

　　由家具匠师约翰尼斯·汉森打造的辐条背沙
发，在匠师协会展上引起了话题，很快就通过弗里
茨·汉森实现了产品化。但是，当时仅制造了 50
张，不久便绝版了。也许是它出现得太早，现代
家具还没有在丹麦蔓延开。后来，1962 年，弗里
茨·汉森再次发售辐条背沙发，一举成为热销商
品，无数丹麦人的起居室里都摆了一张。时代终于
追上了摩根森的崭新创意。现在，这款沙发由腓特
烈西亚家具制造。

独立后自由发挥创意，
发布狩猎椅

　　20 世纪 40 年代，摩根森一直在 FDB 莫布勒的诸多限制下，为普通人设计家具，同时也在匠师协会展上更加自由地发挥创意，创造高档家具。1950年，摩根森离开了 FDB 莫布勒。这一年，FDB 莫布勒发行了 60 页的产品目录，堪称摩根森"为普通人所设计的家具系列"集大成。这本产品目录不仅是对摩根森作品的汇总，也包含了多年来不断摸索丹麦人新生活方式的 FDB 莫布勒会长弗雷德里克·尼尔森的心愿。

　　不过，相对于两人所提倡的理想生活方式，普通人的实际生活却并没有多大改变。FDB 莫布勒的家具，渐渐被对市场变化更为敏感的中产阶级以上家庭和公共设施所接受，但讽刺的是，要让原先预想的人群接受，还需要一些时间。盟友弗雷德里克的离开，加上对现代家具不为一般民众所接受的现状的失望，摩根森决定离开 FDB 莫布勒。

　　之后，FDB 莫布勒的理念由保罗·沃尔德（Poul Volther）、埃文德·约翰森（Ejvind Johansson）等后任设计师继承，FDB 莫布勒继续为普通人打造美观实用的家具。进入 20 世纪 50 年代后，此前努力的成果终于显现，FDB 莫布勒的家具（J39、J46、J64[4]等）通过消费者合作社的网络，卖到了丹麦各地。

　　摩根森离开 FDB 莫布勒后，在位于哥本哈根旁边腓特烈西亚地区的公寓里开了设计事务所，继续投身设计。1950 年，匠师协会展上发布的狩猎

4 J64

埃文德·约翰森设计。现在由腓特烈西亚家具复刻销售。照片为 FDB 莫布勒制。

椅[5]表明了他的新方向。这款椅子的框架由橡木制成，座面和靠背由厚皮革制成，用皮带固定在框架上。无论是材料的选择，还是加工的方法，都与他在 FDB 莫布勒时完全不同。橡木与厚皮革的搭配，成为自由职业时期摩根森的标志性元素之一，在之后的几款作品中都有体现，一直到 1958 年发布的西班牙椅[6]。

5 狩猎椅

扶手椅 3238（1951 年，腓特烈西亚家具，橡木）。名为"Jagtstol"。"Jagt"在丹麦语中是狩猎的意思。现在由腓特烈西亚家具复刻为西班牙餐椅

6 西班牙椅

1958 年，腓特烈西亚家具，橡木。它由西班牙传统椅子重新设计而来，其特点是椅背和椅座均由整张皮革制成。

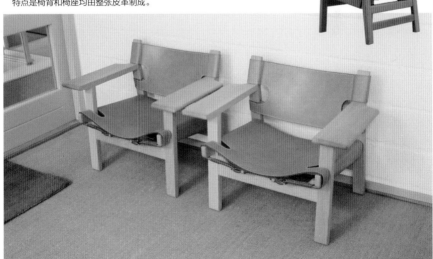

通过腓特烈西亚家具发布大量作品

7 索堡·莫布勒

　Soborg Mobler 1890 年设立。除摩根森以外，还制作彼得·维特与奥尔拉·莫嘉德·尼尔森、伯恩特等设计师的作品。

8 C.M. 麦森

　C.M. Madsen 制作汉斯·维纳的餐椅 W-1、W-2 等。

9 P. 劳瑞森父子

　P. Lauritsen & Søn 20 世纪 50 到 60 年代制作了摩根森的大量家具（特别是橱柜类）。

* 以上 3 家制造商的家具图参见 P86。

摩根森的主顾越来越多，索堡·莫布勒[7]、C.M. 麦森[8]、P. 劳瑞森父子[9]等，这些以工厂量产为前提的制造商陆续不断地发来委托。大概双方都清楚，摩根森在 FDB 莫布勒积累的经验，对设计在工厂高效率量产的家具会有很大帮助。摩根森在索堡·莫布勒还挑战了用成型胶合板、钢等材料设计家具。

对摩根森而言，最大的主顾是腓特烈西亚家具。腓特烈西亚家具设立于 1911 年。1955 年，安德烈亚斯·格雷沃森收购了一家经营不善的工厂，同时向摩根森发出了设计委托。

摩根森收到格雷沃森的委托后，起初并不想合作。但是，格雷沃森无论如何都需要摩根森的帮助，于是先说服了摩根森的妻子爱丽丝，最终成功地说服了摩根森，达成了合作。

两人都来自日德兰半岛，开始合作之后，两人的距离迅速缩短。尽管据说有时他们甚至会互相怒吼，但是两人的合作关系一直十分牢固，直到 1972 年，摩根森去世。这期间，摩根森通过腓特烈西亚家具发布了大量作品，其中大部分现在仍在制造。

对摩根森而言，与纺织品设计师丽斯·阿尔曼的合作也意义非凡。从 1939 年，摩根森第一次参加匠师协会展的时候，两人就开始合作，一直持续多年，直到摩根森去世。丽斯·阿尔曼所擅长的以条纹、格子为基础的花纹设计，多次被摩根森用作自己设计的家具面料 [10]。

　　在丽斯·阿尔曼的 75 岁生日聚会上，摩根森说："如果说衣服能体现一个人的禀性，那么我的家具拥有最棒的衣柜"，以表达他对多年合作的感谢之意。摩根森的性格一本正经，他的家具的边边角角都经过精心计算，无懈可击。丽斯·阿尔曼的纺织品则赋予摩根森的家具不可或缺的亲近感。

10 使用丽斯·阿尔曼设计面料的
　　扶手椅（1941 年）。

改变普通人的生活方式，
功绩影响至今

　　1950 年设立事务所以后，摩根森一直不停地工作，但到了 20 世纪 60 年代后期，他渐渐地开始对繁忙的都市生活感到疲惫。他想离开喧闹的哥本哈根，回到自己的故乡，按照自己的节奏工作。于是，他在离故乡克里斯蒂很近的利姆水道旁边买了土地，盖起度假屋，搬到了那里。然而遗憾的是，他在那里生活的时间并不长。因为患上了恶性脑瘤，他在 1972 年就离开了人世。

　　伯格·摩根森在仅 58 年的一生中，既为普通人设计过价格合理的家具，也设计过稍微奢侈一些的家具。两者共通的，是从凯尔·柯林特那里继承而来的设计方法。正是因为这个原因，即使把 FDB 莫布勒时代的作品和他独立后的作品摆在一起，也不会觉得不和谐。

　　摩根森改变了丹麦人的生活方式。近年 FDB 莫布勒家具不断地被复刻生产，可见摩根森的功绩直到今天仍在发挥余热。

◉ 为索堡·莫布勒、C.M. 麦森、P. 劳瑞森父子等制造商设计的家具

【索堡·莫布勒】

折叠桌（桌面：柚木，腿：钢）

扶手椅（柚木，座面：灯芯草编织）

圆桌（桌面：柚木薄板，腿：山毛榉）

书桌（柚木，座面：灯芯草编织）

【C.M. 麦森】

【P. 劳瑞森父子】

咖啡桌（柚木）

书柜（柚木）

◉ 伯格·摩根森　年谱

年	年龄	
1914		出生于日德兰半岛北部的奥尔堡市，兄妹三人，排行老二（4月13日）。
1930	16岁	跟随奥尔堡的木匠做学徒，积累家具匠师的经验（—1934年）。
1934	20岁	获得木工师傅资格。
1935	21岁	举家移居哥本哈根。
1936	22岁	就读哥本哈根美术工艺学校，学习家具设计（—1938年）。 邂逅汉斯·维纳。
1938	24岁	就读丹麦皇家艺术学院家具系，跟随凯尔·柯林特学习家具设计的方法论（—1941年）。 在凯尔·柯林特和摩根斯·科赫的事务所做助手（—1942年）。
1939	25岁	首次参加匠师协会展。 开始和纺织品设计师丽斯·阿尔曼合作。
1942	28岁	出任FDB莫布勒家具设计室负责人。
1944	30岁	发布J4、J6。长子彼得出生。
1945	31岁	和汉斯·维纳共同参加匠师协会展。 发布辐条背沙发。 兼任丹麦皇家艺术学院家具系教学助理（—1947年）。
1947	33岁	发布"国民椅"J39。次子托马斯诞生。
1949	35岁	在匠师协会展上发布应用成型胶合板的安乐椅。
1950	36岁	从FDB莫布勒辞职，在腓特烈西亚地区开办设计事务所。 在匠师协会展上发布狩猎椅。获埃克斯贝尔（Eckersberg）奖。
1953	39岁	和丽斯·阿尔曼合作，为纺织品制造商C.奥尔森开发用作椅子面料的纺织品。 从这一时期开始收到许多制造商的委托。
1954	40岁	和格蕾特·雅尔克合作开发系统收纳家具Boligens Byggeskabe。 为丹麦工艺博物馆（现丹麦设计博物馆）设计用于展示纺织品收藏的用具。
1955	41岁	邂逅安德烈亚斯·格雷沃森，开始和腓特烈西亚家具合作。
1958	44岁	在匠师协会展上发布西班牙椅，获年度大奖。 在根措夫特建住宅兼设计事务所。
1961	47岁	在伦敦举办个展。
1962	48岁	辐条背沙发由弗里茨·汉森重新发售，大获成功。
1967	53岁	设计护理院用的家具系列。
1969	55岁	在日德兰半岛北部利姆水道沿岸建度假屋。
1972	58岁	因脑瘤去世（10月5日）。

Hans J. Wegner

手工艺的巅峰

汉斯·维纳

（1914—2007）

_____

17 岁获木工师傅资格

汉斯·维纳出生的家（上图）外
壁上的牌子（下图）

汉斯·维纳是丹麦的家具设计师代表，在日本也广为人知。他于 1914 年 4 月 2 日出生在日德兰半岛南部，靠近德国边境的岑讷市。父亲彼得·M.维纳是鞋匠，汉斯·维纳从小就在父亲的制鞋工房里玩。

结束义务教育之后，14 岁的维纳便在父亲的制鞋工房附近的家具工房当学徒。在这里，他为岑讷居民打造生活必备的家具，比如卧室里的成套家具、柜子等。同时，他也学到了经营工房所需的很多知识，比如，如何获取订单、如何配送商品等。维纳年仅 17 岁就通过了木工师傅资格考试。当时的他，想必正梦想着将来拥有自己的家具工房吧。

现在丹麦和德国国境附近的地区，在不同的时代曾经归属不同的国家。维纳出生那年，也就是 1914 年的时候，岑讷属于德国的领土，因此维纳是以德国人的身份出生的。由于第一次世界大战的战后处理，1920 年以后，岑讷变成了丹麦的领土，因此维纳也拿到了丹麦国籍。

就读哥本哈根美术工艺学校，
学习凯尔·柯林特提倡的重新设计的方法论

　　维纳获得木工师傅资格后，仍在岑讷的家具工房继续积累经验。1935 年，21 岁的维纳为了服兵役，搬到哥本哈根所在的西兰岛。半年服役期满后，维纳看到哥本哈根因为匠师协会展和永久画廊而变得充满活力，深切地意识到，在回到故乡开办自己的工房之前，十分有必要学习设计。于是，他参加了在技术研究所（Technological Institute）举办的、为期大约两个半月的家具制作课程。参加这个短期研修课程的，还有来自哥本哈根美术工艺学校的学生。研修结束后，维纳便决定就读哥本哈根美术工艺学校。

　　当时的哥本哈根美术工艺学校位于经过凯尔·柯林特等人改修过的丹麦工艺博物馆[1]院内，由柯林特的学生奥拉·莫嘉德·尼尔森[2]执教。这里还是在教柯林特提倡的设计方法论，包括对以往各种家具的应用，以及基于数学方法的家具设计。丹麦工艺博物馆收藏了从全世界收集的椅子藏品，这样的环境对学习家具设计的学生而言再适合不过。

　　在哥本哈根美术工艺学校，维纳把才华发挥得淋漓尽致，家具设计所需的制图、手绘、水彩画等课程均取得了优秀的成绩。维纳在哥本哈根美术工艺学院的第一年学习了设计橱柜、书桌，第二年学习了设计椅子，第三年他没有继续上课，而是自主退学，开始在阿恩·雅各布森和埃里克·莫勒[3]的建筑事务所工作。得以在哥本哈根美术工艺学校接触了凯尔·柯林特的设计方法论，并且尽情地研究

1　**丹麦工艺博物馆**
　现在的丹麦设计博物馆。参见 P215。

2　**奥拉·莫嘉德·尼尔森**
　参见 P169。

3　**埃里克·莫勒**
　Erik Møller（1909—2002），丹麦建筑师。

4 奥弗·兰德（Ove Lander）
他还制作了伯格·摩根森和丽斯·阿尔曼于 1941 年匠师协会展上展出的扶手椅。

5 汉斯·维纳的第一椅，据说全世界仅有 2 把。

6 尼堡（Nyborg）
位于菲英岛东海岸的城市。截至 2018 年，人口约 16 000。

7 弗莱明·拉森
（Flemming Lassen, 1902—1984）丹麦建筑师、家具设计师，阿恩·雅各布森的发小。

8 尼堡图书馆阅览室用的梳背型温莎椅。

9 奥胡斯市政厅用的椅子（会议椅）。

丹麦工艺博物馆收藏的椅子，这段经历为维纳发挥其作为家具设计师的才华打下了坚实的基础。

包括伯格·摩根森在内，维纳的许多同学从哥本哈根美术工艺学校毕业后，都继续就读由凯尔·柯林特执教的丹麦皇家艺术学院家具系，进一步学习学术知识。维纳没有选择继续进修，而是投身实务，在实践中学习家具设计。

就职阿恩·雅各布森的事务所，为奥胡斯市政厅设计家具

1938 年，维纳终于在匠师协会展上崭露头角。维纳一生中设计了 500 把椅子，画了 3 500 多张图纸。仅由家具匠师奥弗·兰德[4]打造的数把第一椅[5]（First Chair），成了他值得纪念的处女作。

在阿恩·雅各布森和埃里克·莫勒的建筑事务所的第一份工作，是为菲英岛东部的尼堡[6]市一家图书馆设计家具。尼堡图书馆由埃里克·莫勒和弗莱明·拉森[7]设计，建筑由砖砌成，"人"字形屋顶令人印象深刻。维纳的任务是设计这里使用的全部家具，包括椅子、桌子和书架等。此时，维纳为阅览室设计了梳背型温莎椅[8]。

完成尼堡图书馆的工作后，维纳在 1939 年转战丹麦第二大城市奥胡斯，为奥胡斯市政厅设计家具。奥胡斯市政厅是雅各布森的建筑代表作。维纳为这里设计了会场用的椅子[9]、办公桌、书架和文件柜等各种家具。维纳根据纸张尺寸和文件夹的大小设计了文件柜的尺寸和布局，高效地利用有效的

【第一椅】

黄金期的设计师和建筑师

空间进行收纳。

阿恩·雅各布森比维纳大 12 岁，当时因为策划卡拉姆堡的贝尔维尤海滩度假区，他已经功成名就。在雅各布森的带领下，参与奥胡斯市政厅这样的大项目经历对年轻的维纳而言，无疑是学习实务绝好的机会。那时，维纳邂逅了在雅各布森和莫勒的事务所当秘书的英格，两人于 1940 年结婚。

奥胡斯市政厅于 1942 年落成。在那之后，维纳又在奥胡斯住了数年，开办了自己的设计事务所，依然活跃。他仍继续参加在哥本哈根举办的匠师协会展。1944 年，他展出了一款柜子，表面用镶嵌技术表现了儿时在岑讷的河边玩耍时的回忆[10]。

那时，维纳通过美术工艺学校的恩师奥拉·莫嘉德·尼尔森认识了约翰尼斯·汉森，设计了一款摇椅，将温莎椅和夏克椅的元素和谐地融于一体。这款摇椅经时任 FDB 莫布勒设计室负责人的伯格·摩根森的推荐，在细节上稍作修改，便由 FDB 莫布勒作为产品推出了（J16[11]）。

根据中国明代椅子重新设计，中国椅、圆椅（The Chair）、Y 形椅诞生

1944 年，伯格·摩根森长子彼得举行洗礼仪式，维纳在奥胡斯没找到称心的礼物，于是设计了一把组装式的儿童椅做礼物。他设计的这把椅子，可以在拆开的状态下寄到哥本哈根。这把椅子被命名为彼得椅[12]，和后来设计的桌子一起，列入了FDB 莫布勒的商品目录。

10 运用了镶嵌技术的柜子。现在在岑讷的维纳博物馆展出。

11 J16
参见 P42。

* 汉斯·维纳参考中国椅设计的椅子，总称有 Chinese Chair 和 China Chair 两种叫法。
在外国文献中，经常将原本的中国椅称为 Chinese Chair，而将汉斯·维纳设计的椅子称为 China Chair 加以区分。不同的制造商也会采用不同的叫法。弗里茨·汉森称作 China Chair，P.P. 莫布勒则称作 Chinese Chair。本书以中国椅（China Chair）作为总称，各制造商的商品则沿用企业的命名。

第三章

20 世纪 40 年代的前五年，维纳在奥胡斯工作，因为处在战时，一个初出茅庐的自由设计师要养家糊口并不容易。FDB 莫布勒的负责人摩根森把维纳的作品列入 FDB 莫布勒的商品目录，想必也是出于对好友的担心。维纳和摩根森在 1945 年和 1946 年的匠师协会展上共同参展，此后多年，两人的友谊一直维系着（参见摩根森一节）。

这一时期，维纳参考中国明代的椅子，设计了两款中国椅。一款是由轭式椅[13]（轭是一种用来将两头牛的头套在一起的工具）重新设计而来，由约翰尼斯·汉森工房[14]发布。另一款是由圈椅（靠背上缘和扶手连接成半圆形的椅子）[15]重新设计而来（FH4283）[16]，现在弗里茨·汉森仍在制造这款椅子。

维纳就读哥本哈根美术工艺学校时，在丹麦工艺博物馆看到了轭式的中国椅子。圈椅则是在奥胡斯的图书馆的奥尔·温谢尔著作《家具风格》[17]（MØBELTYPER）中看到的。遥远的中国几百年前使用的椅子，给了他强烈的灵感。

1945 年，维纳在 FH4283 的基础上，通过弗里茨·汉森发布了生产效率更高的中国椅 FH1783（现 PP66 中国椅）[18]。扶手部分使用山毛榉曲木，座面用纸绳编织，与最初的 FH4283 相比，加工效率更高。源自圈椅的中国椅的设计，在那之后成为维纳一生的工作，在反复重新设计的过程中，Y 形椅和圆椅（The Chair）诞生了。

12 彼得椅
约翰尼斯·汉森工房和腓特烈西亚家具也曾制造。现在由卡尔·汉森父子制造和销售。

13 中国的轭式椅

14 约翰尼斯·汉森发布的中国椅。

15、16 参见 P102。

17 《家具风格》中国椅 FH1783
参见 P72。

18 中国椅 FH1783
（现 PP66 中国椅）
参见 P10。

由温莎椅重新设计
而来的孔雀椅

19 孔雀椅

产品编号 JH550（PP550）。

　　第二次世界大战期间，维纳一直在奥胡斯的事务所工作，后来，恩师奥尔拉·莫嘉德·尼尔森帮维纳介绍了哥本哈根美术工艺学校的教职，1947年维纳搬到了哥本哈根。因为维纳既是家具设计师又是木工师傅，他每天晚上一边在约翰尼斯·汉森的工房工作，一边锤炼自己的创意。他大胆地对英国的温莎椅进行了重新设计，于是孔雀椅[19]诞生了。这把椅子是和约翰尼斯·汉森工房的匠师尼尔斯·汤姆森一起制作的，并在1947年的匠师协会展上发布。

　　之所以叫作孔雀椅，是因为构成椅背的一部分纺锤形杆件被设计成辐射状，很像孔雀开屏的样子。这样的设计不仅是出于装饰性的考虑，也是为了让温莎椅的靠背更加舒适。大幅度弯曲的曲木支撑着呈放射状分布的杆件顶端，孔雀椅与传统的温莎椅相比，有了很大的飞跃。它不仅是维纳的代表作，也成了当时丹麦现代家具设计的标志。可以说，在这把椅子上，维纳作为木工师傅的技术和作为家具设计师的灵活品味得到了高度的融合。

　　以过去的优秀作品为参考，创造符合当下时代的作品，这种重新设计的手法，是柯林特提倡的设计方法论之一。维纳在其中加入了其特有的充满机智的解释，才诞生了孔雀椅。如果柯林特和摩根森看到这把椅子，会做何感想呢？

维纳灵活的设计品位赋予其作品独特的包容力。柯林特、摩根森的作品有些严肃，相比之下，无论是从视觉上，还是从体感上，维纳的作品都让人感受到某种包容力。大概是因为这个原因，维纳的作品在日本被更多人所接受。

弓背型温莎椅（制作于英国 19 世纪上半叶）

孔雀椅（上图）和搬着孔雀椅的青年维纳（下图）

20 Y形椅（CH24）
Y形椅并非由汉斯·维纳命名。不知从何时起被称为Y形椅。在美国多被称为叉骨椅（Wishborn Chair）。

21 1950年，卡尔·汉森父子同时发售CH22、CH23、CH24（Y形椅）、CH25等椅子和柜子CH304。

22 立体商标
参见P229。

23 圆椅（The Chair）
"The Chair"这一名称据说是由永久画廊的董事所命名。

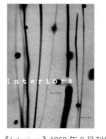

24 《Interiors》1950年2月刊的封面。

25 也有文献记载为27家美术馆。

受卡尔·汉森父子之邀，设计可机械化量产的椅子

孔雀椅给维纳带来了更多的关注。1949年，他又在中国椅的基础上设计了2款椅子。

一款是以可机械化量产为前提、在日本也广为人知的Y形椅（CH24）[20]。维纳去卡尔·汉森父子的工厂实地考察之后，在设计时考虑了机械化量产的效率。Y形椅在保留中国椅风格的同时，实现了普通人也能购买的价格[21]。

在日本也经常在杂志或电视广告中看到Y形椅。2011年，Y形椅的知名度得到认可，其外观作为立体商标[22]，在日本专利厅成功注册。可见日本人对Y形椅熟悉到何种程度。

另一款是由约翰尼斯·汉森工房制作的圆椅（JH501，The Chair）[23]。圆椅登上了美国杂志《Interiors》[24]1950年2月刊的丹麦家具专题文章。除了维纳的圆椅、孔雀椅，该文章还介绍了伯格·摩根森的贝壳椅、芬·尤尔的酋长椅等。以此为契机，丹麦现代家具的魅力传到了美国。

从1954年到1957年，"斯堪的纳维亚设计展"在美国和加拿大的24家美术馆[25]巡回举办，吸引了超过6.5万观众，丹麦家具由此在北美市场深入人心。以此为契机，丹麦、瑞典、挪威、芬兰等北欧4国组成斯堪的纳维亚队（Scandinavian Design Cavalcade），每年9月在各国的美术馆、商店、工厂等举办展览会。这为来自美国等地的游客提供了遍览北欧各国设计的机会。通过这些脚踏实地的活

动，北美市场对丹麦家具的需求一直稳步提升。

据说，当时制造圆椅的约翰尼斯·汉森工房只有 6 名匠师，没有办法应对来自美国的大量订单。1960 年约翰·F. 肯尼迪和理查德·尼克松的美国大选电视辩论中也使用圆椅，圆椅的形象通过电视传遍美国[26]。

1951 年，维纳和芬兰设计师塔皮奥·维尔卡拉一起获得了伦宁奖[27]。利用这笔奖金，维纳和妻子英格一起去美国和墨西哥做考察旅行。旅行期间访问的美国现代化量产家具制造商曾向维纳提出设计合作，但是维纳拒绝了这一建议。尽管维纳承认机械化高效生产的可能性，但还是不想自己的家具在目所不及的海外制造。可以说，维纳自始至终都坚持着自己的态度，那就是创意要在与家具匠师讨论的过程中形成，直到双方满意为止。

斯堪的纳维亚设计展

26 （左下图）约翰尼斯·汉森制圆椅 JH501（The Chair）。此为早期作品。椅背上缠绕了藤蔓。

（右下图）1960 年美国总统候选人辩论会。肯尼迪坐在圆椅上，站立的是尼克松。

27 伦宁奖（Lunning Prize）
由在纽约经营乔杰生的弗雷德里克·伦宁（Freferik Lunning）设立的北欧设计奖。

Hans J. Wegner

CH25

GE240

安德烈亚斯·塔克的边桌（AT17，
使用巴西玫瑰木）

Ry 莫布勒的橱柜

28 CH07（贝壳椅）、熊椅、OX
椅的图参见 P101。

维纳家具的销售网络"Salesco"成立

　　1951 年，综合多家制造商，统一销售维纳设计的家具的网络出现了。发起人是负责卡尔·汉森父子销售工作的科德·克里斯滕森。该组织名为 Salesco，由各自擅长不同领域的下列 5 家公司组成。

- 卡尔·汉森父子 / 餐椅、安乐椅
- AP Stolen/ 安乐椅
- 格塔玛沙发、白符点
- 安德烈亚斯·塔克 / 桌子
- Ry 莫布勒 / 收纳橱柜

　　维纳的代表作由各个制造商发布，比如，除了 Y 形椅，卡尔·汉森父子还发布了 CH25（1950 年）和 CH07（贝壳椅，1963 年），AP Stolen 发布了在日本也很受欢迎的熊椅（1951 年）、OX 椅（1960 年），Getama 发布了 GE240（1955 年）等沙发系列[28]。所有这些家具被整合到一起，放在 Salesco 的商品目录中介绍。

　　Salesco 的成员都是以工厂量产家具为前提的。维纳在设计这些可以利用机械进行高效生产的家具时，会考虑各个制造商的优势。另外，维纳仍继续为约翰尼斯·汉森工房设计由家具匠师制作的家具，并在匠师协会展上发布。维纳会根据对方的技术和特点设计最适合的家具，他的知识和品位是其他设计师难以模仿的。

1957 年，科德·克里斯滕森离开 Salesco，去帮保罗·克耶霍尔姆制作家具。此后，Salesco 的销售网络仍维持了一段时间，但是后来渐渐不再团结。1968 年，维纳解除了合作关系。与约翰尼斯·汉森工房的关系，也随着 1966 年匠师协会展停办而变淡了。

于是，维纳不得不寻找新的伙伴。就在这时，PP 莫布勒找到了他。PP 莫布勒当时是 AP Stolen 的代工厂，制作软体安乐椅的木制框架。

PP 莫布勒陆续取得维纳的家具制造许可证

PP 莫布勒是一家创立于 1953 年的家具工房，非常重视传统手工艺。不过，PP 莫布勒并没有拘泥于纯手工制作，而是会变通地引进机械化的新加工技术。让手工和机械和谐共处。想必维纳也是看中了这一点。PP 莫布勒的老板，同时也是家具匠师的埃杰纳尔·彼得森，成了维纳的知音。1969 年，维纳通过 PP 莫布勒发布了 PP201，1975 年发布 PP62/63，1987 年发布 PP58。一直到 1993 年维纳退居二线，PP 莫布勒的大门一直向维纳敞开着。

PP 莫布勒从 20 世纪 70 年代开始就取得了维纳设计的一系列家具的制造许可证。例如 70 年代中期，原 Salesco 成员、安德烈亚斯·塔克的桌子系列，以及弗里茨·汉森的中国椅 FH1783（现PP66）。90 年代初，约翰尼斯·汉森倒闭，PP 莫布勒又接手了圆椅（JH501，现 PP501）等。因此，

PP201

PP62

PP58

PP 莫布勒虽然规模很小，却因为制造维纳的家具而闻名世界。

一生设计 500 多把椅子

维纳作为代表丹麦的家具设计师，一生设计了500 多把椅子。如下一页的图片所示，其作品大致可以分为几组。虽然过程表现出多样性，但是无论哪一组，都可以看到维纳通过反复重新设计，力图设计出更好椅子的试错痕迹。

1995 年，为彰显维纳的光辉业绩，维纳故乡岑讷的一座水塔改建成了维纳博物馆[29]。旧水塔由岑讷市提供，改建费用由 AP Stolen（原 Salesco 成员）承担，作品则由维纳本人提供。在这座珍贵的博物馆里，可以一次饱览维纳的全部作品。从顶层的观景台可以将维纳的故乡岑讷的街景尽收眼底。

2007 年，维纳去世，享年 92 岁。"一生能设计出一把好椅子吗？……不，那是不可能的。"这句话似乎浓缩了他的一生。

29 岑讷的维纳博物馆（上图）。博物馆由水塔改建而成。顶层可以眺望岑讷的街景（下图）。参见 P215。

⊙ 汉斯·维纳设计的椅子

* 每组列出了主要的椅子

【温莎椅】

自左向右依次是
J16 摇椅、孔雀椅、
PP112

【由中国的椅子发展而来的椅子】

自左向右依次是　　　　* 圆椅
FH4283、PP66、　　　等也在此列
CH24 Y 形椅

【圆椅】

自左向右依次是
圆椅、转椅、
公牛椅、PP701

【会议椅】

自左向右依次是
奥胡斯市政厅的
椅子、CH111

【贝壳椅】

自左向右依次是
GE1936、CH07

【折叠椅】

自左向右依次是
PP512、PP524

【软体安乐椅】　　自左向右依次是熊椅、OX 椅、PP521、CH445 翼椅、CH468 瞳状椅

⊙ 圆椅与 Y 形椅的系谱

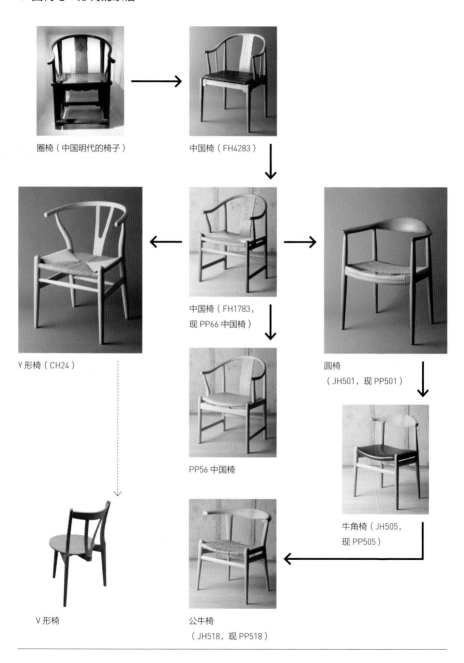

圈椅（中国明代的椅子）

中国椅（FH4283）

中国椅（FH1783，
现 PP66 中国椅）

Y 形椅（CH24）

PP56 中国椅

圆椅
（JH501，现 PP501）

牛角椅（JH505，
现 PP505）

V 形椅

公牛椅
（JH518，现 PP518）

◉ 汉斯 · 维纳　年谱

年	年龄	
1914		出生于位于日德兰半岛的岑讷（4月2日）。
1928	14 岁	在父亲的鞋匠铺附近的家具工房（H. F. Stahlberg）做学徒。
1931	17 岁	获得木工师傅资格。
1934	20 岁	为服兵役，移居哥本哈根所在的西兰岛。
1936	22 岁	兵役解除后，在技术研究所参加约两个半月的家具制作课程。 之后就读哥本哈根美术工艺学校，学习家具设计（—1938 年）。 邂逅伯格 · 摩根森。
1938	24 岁	首次参加匠师协会展。 在阿恩 · 雅各布森和埃里克 · 莫勒的建筑事务所工作， 设计尼堡图书馆。
1939	25 岁	为设计奥胡斯市政厅用的家具，移居奥胡斯。
1940	26 岁	和英格结婚。
1943	29 岁	在奥胡斯开办设计事务所。
1944	30 岁	向伯格 · 摩根森的长子彼得赠送彼得椅。 设计摇椅（J16）、中国椅（FH4283）。
1945	31 岁	和伯格 · 摩根森共同参加匠师协会展。
1947	33 岁	移居哥本哈根，在哥本哈根美术工艺学校任教（—1951 年）。 长女玛丽 · 安娜出生。设计孔雀椅。
1948	34 岁	入选 MOMA 的低成本家具比赛。
1949	35 岁	设计 Y 形椅（CH24）、圆椅（JH501）。
1950	36 岁	次女伊娃出生。 在美国杂志《Interiors》中介绍圆椅、孔雀椅。
1951	37 岁	获第 1 届伦宁奖、米兰三年展大奖。 Salesco 成立。设计熊椅。
1953	39 岁	汉斯 · 维纳设计的家具出口量激增。和妻子英格赴美国、墨西哥进行为期 3 个月的调研旅行。
1954	40 岁	获米兰三年展金牌。
1959	45 岁	获匠师协会展年度大奖。
1960	46 岁	约翰 · F. 肯尼迪和理查德 · 尼克松的美国总统候选人电视辩论会上使用圆椅（JH501）。
1962—1965	48~51 岁	在哥本哈根郊外的根措夫特建造居所。
1968	54 岁	与 Salesco 解除合作关系。
1969	55 岁	首次为 PP 莫布勒设计家具（PP201/203）。
1975	61 岁	由 PP 莫布勒发布 PP62/63。
1982	68 岁	获 C. F. Hansen Medal 奖章。
1993	79 岁	退休。
1995	81 岁	故乡岑讷的维纳博物馆开馆。
1999	85 岁	为 2000 年迎来创业 100 周年的格塔玛设计世纪 2000 系列。
2007	92 岁	去世（1 月 26 日）。

Hans J. Wegner

Arne Jacobsen

多才多艺的完美主义者

阿恩·雅各布森

（1902—1971）

————

作为建筑师留下诸多业绩，
同时也设计家具和照明器具

　　阿恩·雅各布森因为设计蚂蚁椅和蛋椅而闻名。他还是代表北欧现代建筑的建筑师，与瑞典的艾瑞克·冈纳·阿斯普朗德（Erik Gunnar Asplund）、芬兰的阿尔瓦·阿尔托（Alvar Aalto）齐名。在丹麦人心目中，他不仅是设计师，更是代表本国的建筑师。

　　对雅各布森而言，家具设计是装饰自己设计空间的重要构成要素之一。这种认识不仅局限于家具，也涉及其他方面，诸如照明器具、门把手、水龙头、五金配件、音箱和餐具等。近年的建筑行业分工明确，建筑师负责建筑物的设计，设计师负责室内装饰的设计，分别专注于自己的专业，是非常普遍的。雅各布森则把建筑看作一个整体，成功地打造了无数和谐、舒适的空间。

　　1902年2月11日，雅各布森出生在一个犹太裔的丹麦人家庭。因为父亲是贸易商，所以雅各布森是在一个比较富裕的家庭长大的。据说，雅各布森自幼喜欢绘画。要上小学的时候，他家从哥本哈根搬到了卡拉姆堡。后来他参与了卡拉姆堡的度假区开发。雅各布森在卡拉姆堡当地上了小学，但是除了美术课以外，他都没有办法安静地坐着听课，11 岁时他被转学到全寄宿制的学校。幸运的是，雅各布森在那里遇到将来成为建筑师的摩根斯·拉森和弗莱明·拉森兄弟[1]。

　　绘画天赋得到了美术老师的认可之后，雅各布森一度想成为画家，但是遭到身为实业家的父亲的强烈反对，他不得不转换方向。于是，在拉森兄弟的建议下，雅各布森立志成为建筑师，因为当建筑师可以继续发挥他的绘画才能。雅各布森考入哥本哈根的技术学校，在那里学习建筑基础知识。1924年，他又考入了丹麦皇家艺术学院，主要跟随卡伊·菲斯克[2]学习。

　　雅各布森与维纳、摩根森不同，他没有木匠师傅的经验，而是接受了建筑师的专业教育。雅各布森走上家具设计之路的历程与他们大不相同。然而，缘分真是不可思议，雅各布森进入丹麦皇家艺术学院的 1924 年，凯尔·柯林特刚好成立了家具系。尽管没有摩根森那么深入，但很有可能，雅各布森也在课堂上接触了柯林特所提倡的设计方法论。

超越时代，设计"未来之家"

　　1927 年，雅各布森从皇家艺术学院毕业后，开始在哥本哈根市建筑部工作。在他辞职前的大约 2

1 摩根斯·拉森和弗莱明·拉森兄弟
Mogens Lassen（1901—1987），Flemming Lassen（1902—1984）。两人都是丹麦建筑师、设计师。弗莱明和雅各布森成立了事务所。"未来之家"也是他和雅各布森一起设计的。

2 卡伊·菲斯克
Kay Fisker（1893—1965）。丹麦建筑师。

"未来之家"蓝图

3 圆屋

Round House 因为建在岬角之上，所以没有水上车库，也没有自动旋翼飞机的起落台。

4 海岸浴场

Coastal Bath 设有更衣室、沐浴、瞭望塔等的海岸区域设施。

5 度假区的作品群

除了冷饮店以外，这些作品尽管经过改建，但仍然大致保留了竣工时的样子。即使放到今天，这一系列白色建筑所释放的光彩依然没有消失。

贝尔维斯塔住宅区（上图）
贝尔维尤剧场（下图）

中国的轱背椅（18 世纪）

年时间里，他参与了几个项目。1929 年，他和小学同学弗莱明·拉森一起参加"未来之家"设计比赛，大获成功，获得了极大关注。

"未来之家"以圆形为基础，配有自动开闭的车库、栓家用小船的水上车库，房顶还有自动旋翼飞机的起落台，激发人们对未来的无限想象。"未来之家"还配备了能够吸附灰尘的门垫、自动将信件送到邮局的气动管，以具体形式提出了未来生活的建议。"未来之家"的构想，后来在 1956 年落成的圆屋[3] 中得到了部分实现。仿佛"未来之家"的圆形建筑方案和白色外观，至今仍在岬角之上释放着新颖的光辉。

雅各布森乘着"未来之家"成功的机会自立门户，参与了贝尔维尤海滩综合度假区的开发。贝尔维尤海滩位于卡拉姆堡的沿海地带，雅各布森曾在此度过少年时期。这项跨越了整个 20 世纪 30 年代的宏大事业，从雅各布森赢得设计竞标的海岸浴场[4] 开始。度假区先是建设了蓝白相间的瞭望塔和冷饮店，后来又建设了马特松骑马俱乐部、贝尔维斯塔住宅区，再加入贝尔维尤剧场、餐厅，德士古加油站，皮艇俱乐部等。1938 年，丹麦首个大规模的现代度假区终于落成[5]。

贝尔维尤剧场礼堂观众席的设计，优雅地表现了厄勒海峡的波浪。观众席座椅靠背使用的成型胶合板，代表着当时最先进的技术，由弗里茨·汉森生产。雅各布森还专门为剧院附设的餐厅设计了椅子。该椅子由中国的轱背椅发展而来，称为贝尔维尤椅[6]。贝尔维尤椅明显是由中国的椅子重新设计而成，雅各布森通过引入异国风情，营造出了度假区特有的非日常感。

设计奥胡斯市政厅，家具由汉斯·维纳负责

贝尔维尤海滩的综合度假区开发告一段落后，1937年，雅各布森和建筑师埃里克·莫勒一起，参加了为纪念奥胡斯建制300周年而举办的奥胡斯市政厅[7]设计比赛。

在参加比赛的众多设计方案中，大部分都是守旧的设计，几乎每一套方案中都包含了钟塔。遴选委员会经过讨论，选中了雅各布森和莫勒的设计方案。他们的方案更加现代，但是没有钟塔。奥胡斯市民得知后，要求设置钟塔。雅各布森他们没有理会。准备施工的时候，市民发起了反对运动。最终，钟塔还是被加进了设计，不过表盘的位置比一般的钟塔低得多，可以从中感到雅各布森所做的些许抵抗。

市政厅的外墙是由灰色的挪威产大理石筑成的，乍看上去给人以清冷的印象。但是，从正门进去以后，这种印象就会大大地改变。穿过低矮的门厅，就是宽敞的天井，通过天窗照进来的光线十分充足。与天井相邻的，是宽敞的多功能厅。

丹麦冬季白天时间短，阳光也弱。从这样的设计中，可以强烈地感受到雅各布森和莫勒的用意：即便是市政厅这样的公共场所，也要尽可能地打造一个明亮、舒适的空间。这种倾向经常可以在北欧建筑师身上看到。天井的一角设计了螺旋楼梯，描

Arne Jacobsen

6 贝尔维尤椅
　阿恩·雅各布森发布这款椅子（1934年）之后，1944年，汉斯·维纳发布了同样由中国的轭背椅重新设计而来的中国椅（参见 P93）。

7 奥胡斯市政厅（上图）
　入门的天井（中图）
　市政厅内安装的挂钟（下图）

绘出优雅的曲线，平缓地连接地下和地上。

虽然奥胡斯市政厅的家具设计大多由维纳负责，但雅各布森也设计了照明器具和挂钟等，这些始终在维护，沿用至今。

逃亡瑞典期间做的植物研究，
在第二次世界大战后的设计中发挥作用

1942 年，奥胡斯市政厅落成。当时，丹麦被德国占领。雅各布森身为犹太裔丹麦人，为躲避纳粹德国的迫害，等到鲱鱼熏制工厂"Smoke House"完成，就携妻子和朋友保尔·汉宁森一起逃往瑞典。他们雇了一名船夫，乘上小船，渡过厄勒海峡，躲过纳粹德国巡逻艇的探照灯，抵达了瑞典一个叫作兰斯克鲁纳的港口小城。

之后不久，雅各布森转移到斯德哥尔摩，经朋友、芬兰建筑师阿尔瓦·阿尔托介绍，开始在住宅合作社的设计事务所工作。然而，因为雅各布森在丹麦已经有了知名度，而且个性较强，所以没过多久他就辞职了。

在丹麦的时候，雅各布森一直工作缠身，没有时间，在瑞典的生活让他有了自由的时间。他把这些时间花在了他自幼爱画的水彩画上。雅各布用水彩画下来的花草图案，由妻子约恩娜用丝网印刷到布料上，制成花草图案的纺织品和墙纸。雅各布森在瑞典期间，研究了瑞典的野生植物，掌握了有关植物的知识。第二次世界大战结束后，雅各布森设计的作品中经常可以看到院子里或室内有用来

放植物的玻璃柜，想必是这段经历起到了
作用。

第二次世界大战后第一个项目，
在充满童年回忆的地方

第二次世界大战结束，雅各布森回到
丹麦。在哥本哈根自己的事务所里，他得
知战争期间事务所员工仍在继续工作，十
分惊讶。雅各布森很顺利地恢复了在丹麦
的工作，不过据说他还抱怨："员工偷了我的酒和
客户。"

8 索霍尔姆一期

回到丹麦后，雅各布森接手的第一个大项目，
是卡拉姆堡贝尔维尤地区的新项目。对雅各布森
而言，那是一个充满回忆的地方。在 20 世纪 30
年代的综合度假区开发中设计的贝尔维斯塔住宅
区的南侧，他设计了由 5 栋住宅构成的联排住宅
（Townhouse），名为索霍尔姆一期[8]。

为了确保每一栋住宅都能瞭望厄勒海峡的景
色，两层的住宅排成了雁阵。因为使用了传统的黄
砖，所以与北邻的白色的贝尔维斯塔住宅区风格
迥异。高度不同的倾斜屋顶在设计的时候考虑了采
光，非常新颖。这一设计考虑了丹麦的水土特点和
景观，很好地兼顾了"本土"与"现代"。

雅各布森从小就熟悉这片土地。他对这种带院
子的联排住宅非常满意，自己购买了面朝海岸的一
栋，作为住宅兼事务所。索霍尔姆一期竣工后，该地
区又建了风格不同的索霍尔姆二期、索霍尔姆三期。

9 蚂蚁椅（3条腿）
1952 年发布。在日本也叫作
ARINCO CHAIR。

10 诺和诺德制药公司
以糖尿病护理为中心的制药
公司。

在伊姆斯的椅子触发下，
开发使用成型胶合板的蚂蚁椅

设计完联排住宅之后，雅各布森开始设计全新的椅子，那就是"蚂蚁椅"[9]。其灵感来源，是查尔斯和雷·伊姆斯于 1945 年发布的成型胶合板椅子。

据说有一天，雅各布森把伊姆斯夫妇的成型胶合板椅子搬到事务所，向员工宣布："我想设计这种轻便的椅子。但是我不想模仿它。"因为成型技术的局限，伊姆斯夫妇的椅子座面和靠背是分离的。为了把两者合而为一，雅各布森做了大量的尝试。最后，他亲自挫削石膏模型，设计出原型，搬到弗里茨·汉森。然而，他遭到了拒绝。因为量产的前提是引进成型胶合板专用的压力机，开发成本过高。

雅各布森还不死心，他当时正在负责诺和诺德制药公司[10]的研究所扩建计划，他向造访事务所的公司总经理提议，在设计中的员工食堂里使用他新设计的椅子。就这样，雅各布森拿到了 300 把椅子的订单，成功地说服了弗里茨·汉森，蚂蚁椅终于诞生了。可以说，在这则故事中，雅各布森发挥了他从经商的父亲那里继承来的商业头脑。

尽管弗里茨·汉森当初制造的时候并不情愿，

经过弯曲加工的成型胶合板可以承受一个人站在上面（左图）。雅各布森亲自用石膏制作的椅子模型（右图）。这两张照片均拍摄于弗里茨·汉森档案馆

但是蚂蚁椅，以及 1955 年作为蚂蚁椅的改良版发布的"七号椅"[11]，取得了世界性的成功，其价值不可估量。弗里茨·汉森既要应付雅各布森些许强硬的手腕，又要竭尽全力满足设计的细节要求，好在这些付出都是值得的。

蚂蚁椅这个可爱的名字，来自椅子的外观。从正面看，它让人联想到蚂蚁，因为背板中间很细。据说采用开发时的成型技术时，这部分容易出现皱纹和裂痕，经过一番锉削，就成了这样的形状。尽管如此，最初还是难免有裂痕，弗里茨·汉森就用铅粉填充，涂成黑色，这使它看上去更像蚂蚁了。随着后来成型技术的发展，蚂蚁椅不仅颜色更加丰富，而且有了山毛榉、枫木等装饰板抛光加工的产品。

3 条腿的蚂蚁椅和 4 条腿的七号椅

蚂蚁椅最大的特点之一，是它只有 3 条腿。据说，出于安全考虑，弗里茨·汉森曾让雅各布森改成 4 条腿[12]，但是他坚决不肯。3 条腿的优点是，搭配圆桌使用时，相邻椅了的腿部不会撞到彼此，即便放在不平坦的地面上也很稳定。但是，如果坐在上面时身体前屈，就会突然翻倒，对于这个问题制造商一直没能解决。曾经有一段时期，出于安全考虑，日本没有进口 3 条腿的蚂蚁椅。

雅各布森一直对 3 条腿的蚂蚁椅情有独钟。对于制造商的要求，他反驳说："人坐上去就变成 5 条腿了。""自行车只有两个点接触地面也很稳定。"蚂蚁椅设计成 3 条腿，想必是出于视觉平衡的考虑，而后来发布的七号椅，则更适宜 4 条腿。雅各布森

11 七号椅
自 1955 年发布以来，诞生了无数变化。

12 蚂蚁椅（4 条腿）
1971 年以后制作。

13 美术馆的展览

13 美术馆的展览

笔者第一次看到蚂蚁椅，是1997年在日本巡回举办的"椅子·100种形状维特拉设计博物馆名品展"。

14 蒙克加德小学和尼亚格尔小学

两所小学的建筑都有50多年的历史，但是维护得很好，现在仍被用作校舍。照片是蒙克加德小学。左下角是雅各布森设计的课桌和蒙克加德椅。

15 蒙克加德椅（上图）、丹椅（下图）

去世后，经遗属同意，才有了4条腿的蚂蚁椅。

1999年春，我第一次去丹麦的时候，在北门站（Nørreport Station）附近一家快餐店看到了蚂蚁椅。因为使用多年，椅子上的油漆已经剥落，上面还有油性笔的涂鸦。当时受到的冲击让我记忆犹新。我理所当然地以为，这样的椅子只能在设计类书籍和美术馆的展览上看到，然而它却完全渗透到生活中，在日常使用中没有受到任何优待，这令我大为吃惊[13]。通过这次经历，我似乎明白了为什么丹麦人对设计更为敏感。

雅各布森还设计过小学，包括菲英岛西南部的霍比中心学校（Hårby Central School）、哥本哈根郊外的蒙克加德小学（Munkegaard School）和尼亚格尔小学（Nyager Elementary School）[14]。蒙克加德小学应用了在索霍尔姆一期中实践过的高度不同的倾斜屋椅，确保教室后面也有充足的光线。

在设计蒙克加德小学时，雅各布森重新设计了蚂蚁椅，于是有了蒙克加德椅和丹椅[15]，他还设计了课桌。被称为蒙克加德灯的吸顶灯也是这一时期设计的。雅各布森似乎对蒙克加德灯很满意，在勒藻勒市政厅、勒藻勒中央图书馆等后来的建筑作品中也有使用。

设计 SAS 酒店、蛋椅等

1960年，雅各布森在哥本哈根中央车站旁边设计了SAS皇家酒店[16]。SAS皇家酒店是丹麦第一座摩天大楼。酒店的低层部分延伸出很长一段距离，长方体形状的高层部分坐落其上。高层部分采用了幕墙结构。和奥胡斯市政厅一样，这座酒店当初也引起了很大争议。该地区林立着许多历史建筑，突然出现这样一个巨大的"四方箱子"，水平方向连成一条线的客户玻璃窗随意打开时，看上去就像穿孔卡一样。因此，酒店刚落成时，甚至被市民揶揄。

但是，雅各布森为这个"四方箱子"设计了由美丽曲面构成的蛋椅、天鹅椅、壶椅、水滴椅、长颈鹿椅等。这些椅子使用了当时比较罕见的硬质发泡聚氨酯成型技术。它们摆在入口大厅、餐厅、酒吧和客房等酒店各处。雅各布森还设计了照明灯、门把手、餐厅使用的餐具等。

入口大厅的螺旋楼梯优雅地悬浮在空中，很引人注目[17]。可以说，它完美地融合了奥胡斯市政厅的美观的螺旋楼梯和在勒藻勒市政厅挑战的悬挂式楼梯。雅各布森通过在拥有直线外观的酒店内部装饰设置螺旋楼梯和圆角家具，在强调内外对比的同时，成功地演绎出了和谐的内部空间。

SAS 皇家酒店几经翻新，已经不再是最初竣工时的模样。通过与时俱进地改变，多年以来，它一直是代表丹麦的现代酒店。2002 年，为纪念雅各布森 100 周年诞辰，酒店打造了一间再现竣工时原样的客房。这间名为 606 号"阿恩·雅各布森套房"的客房，不仅家具，就连墙壁和窗帘的颜色都和竣工之时一样，可以看到雅各布森设计的原始样本。

设计牛津大学新校区，礼堂内放单扶手七号椅

SAS 皇家酒店临近竣工时，英国牛津大学为建

16 SAS 皇家酒店
现在名为 Radisson Collection Royal Hotel, Copenhagen（上图）。SAS 皇家酒店客房（中图）和门把手（下图）。

酒店内使用的椅子、入口大厅、606 号客房的图参见 P116、P117。

17 螺旋楼梯
当初，螺旋楼梯的后面摆着冬天也能观赏植物的玻璃柜，将入口大厅和酒吧柜台隔开。遗憾的是，现在已经看不到了（参见 P117）。

18 圣凯瑟琳学院
St Catherine's College 牛津大学的 38 个学院之一。雅各布森于 1966 年被牛津大学授予名誉博士学位。

19 牛津椅（上图）
圣凯瑟琳学院的休闲椅（下图）
牛津椅是食堂里教授用的椅子。学生以前在食堂坐长凳，现在用的是七号椅。照片下的休闲椅也在学生宿舍里使用。

设新校区而设的建筑师遴选委员会向雅各布森发来了设计委托。该委员会花了约 2 年时间，以英国、美国为中心寻访了无数建筑，最终因为蒙克加德小学而选中了雅各布森。在一众英国建筑师中脱颖而出的雅各布森，将自己多年积累的知识和经验毫无保留地投入大规模学校建设的设计中。

圣凯瑟琳学院[18] 由图书馆楼、礼堂、办公楼、食堂、学生宿舍构成，校园朝南北方向延伸，这些建筑物则朝东西方向，左右对称分布。钢筋混凝土制成的巨大横梁从建筑物主立面突出着，营造出整体的统一感。在室内，这些横梁起到天窗反射板的作用，这样的创意是北欧建筑师所特有的。

家具方面，雅各布森专门为食堂设计了高背牛津椅和台灯，为学生宿舍设计了原创的椅子和床[19]。礼堂里整齐排列的七号椅，采用气缸式的独腿结构，固定在地板上，而且设计了单侧的宽扶手。可以说，这是根据空间和功能，重新设计以往作品的绝佳案例。圣凯瑟琳学院从竣工到现在已经过去半个多世纪，仍然怀着对雅各布森的尊敬维持着原貌。

丹麦国家银行成为遗作

雅各布森建筑的另一集大成之作，是丹麦国家银行[20]。丹麦国家银行是雅各布森的遗作，其建筑物犹如一座抵御外敌的巨大要塞。它由挪威产大理石和玻璃幕墙构成。大理石是雅各布森在第二次世界大战前就喜欢的外墙材料，玻璃幕墙则是战后实践的结果。两者搭配在一起，既紧凑，又和谐。

从面向运河边街道的小小的入口进到内部，首先映入眼帘的是宽阔的入口大厅，同时，你会注意到沿着内侧墙面从天花板上悬吊下来的大楼梯。大楼梯的前面铺着圆形的地毯，地毯中心摆着一张大理石面的圆桌，圆桌周围是6把包裹着黑色皮革的天鹅椅。除此以外，无可增减。丹麦国家银行的入口就是这样一个令人不由得挺直腰背的空间，带着威严迎接来访者。

20 丹麦国家银行

高层部分的中庭和低层部分的屋顶，是由雅各布森设计的庭园。庭园很好地融合了欧式和日式，有着独特的气氛，为这座外观犹如要塞一般的建筑内部增添了色彩。

国家银行分3期施工，雅各布森在第1期施工结束后的1971年3月突发心脏病逝世。剩下的施工工作由雅各布森事务所的员工汉斯·迪辛和奥托·魏特林接手。1978年，全部施工完成。

为丹麦国家银行设计的八号椅（通称 Lily ）

怀着强烈的信念投身建筑和设计

雅各布森虽然有时自大而固执，其实性格内向，总是在意周围人的视线。据说，最令他放松的场所，就是街角的咖啡馆。在咖啡馆里听周围顾客的谈话，一边喝着热巧克力，一边吃蛋糕，这大概就是他的小小乐趣吧。

如果没有雅各布森那样强烈的信念，肯定很难创造出建筑和室内装饰元素和谐统一的空间。竣工之时因为太过现代而遭到市民反对的建筑及其附带的室内装饰产品，现在已经融入人们的生活当中，被无数人喜爱。

⊙ 为 SAS 皇家酒店设计的椅子

【蛋椅】

放在客房的蛋椅

【天鹅椅】

放在会议室的天鹅椅

【水滴椅】

放在客房的水滴椅

【壶椅】   【长颈鹿椅】

SAS 皇家酒店的入口大厅

SAS 皇家酒店 606 号房间"阿恩·雅各布森套房"

黄金期的设计师和建筑师

◉ 由蚂蚁椅衍生出来的成型胶合板椅子

【蚂蚁椅（3条腿）】

【七号椅】

【蚂蚁椅（4条腿）】

【金奖椅】

【七号椅（带脚轮）】

【八号椅（通称Lily）】

◉ 阿恩・雅各布森　年谱

年	年龄	
1902		出生于哥本哈根（2月11日）。
约 1909	约 7 岁	举家搬到哥本哈根郊外的卡拉堡，就读当地小学。
1913	11 岁	转学到全寄宿制学校，邂逅弗莱明和摩里斯・拉森兄弟。
1919	17 岁	就读哥本哈根的技术学校，学习建筑基础知识。 休学，在定期往返纽约的客船上当船员。回国后复学（1924 年毕业）。
1924	22 岁	就读丹麦皇家艺术学院建筑系，学习建筑（—1927 年）。 在学期间师从卡伊・菲斯克、卡伊・哥特罗波等人。
1925	23 岁	在巴黎世博会上获银牌。
1927	25 岁	在哥本哈根市建筑部就职（—1929 年）。和玛丽（Marie Jelstrop Holm）结婚（后来离婚）。
1929	27 岁	和弗莱明・拉森共同参加"未来之家"设计比赛并获胜。 成立自己的建筑设计事务所。
1932	30 岁	开发贝尔维尤海滩综合度假区（—1938 年）。 参与海岸浴场、贝尔维尤剧场及餐厅、德士古加油站、皮艇俱乐部等项目。
1935	33 岁	诺和诺德研究所竣工。
1937	35 岁	和埃里克・莫勒共同参加奥胡斯市政厅设计比赛并获胜（1942 年完成）。
1942	40 岁	和弗莱明・拉森共同设计的瑟勒勒市政厅竣工。
1943	41 岁	鲱鱼熏制工厂（Smoke House）竣工。与纺织品设计师约恩娜・莫勒再婚。 逃亡瑞典。在瑞典期间制作花草图案的纺织品和墙纸。
约 1945	约 43 岁	回到丹麦，回归自己的建筑设计事务所。
1950	48 岁	索霍尔姆一期竣工。霍比中心学校竣工。
1951	49 岁	索霍尔姆二期竣工。
1952	50 岁	发布蚂蚁椅（弗里茨・汉森）。
1953	51 岁	获根措夫特行政区奖（因"索霍尔姆"的设计）。
1954	52 岁	索霍尔姆三期竣工。
1955	53 岁	诺和诺德制药公司的研究所扩建部分竣工。发布七号椅（弗里茨・汉森）。
1956	54 岁	"圆形屋（Round House）"竣工。勒藻勒市政厅竣工。 出任丹麦皇家艺术学院建筑系教授。
1957	55 岁	发布金奖椅（弗里茨・汉森）。在米兰三年展上获银牌。 蒙克加德小学竣工。
1958	56 岁	发布蛋椅、天鹅椅（弗里茨・汉森）。
1959	57 岁	发布水滴椅、壶椅（弗里茨・汉森）。
1960	58 岁	SAS 皇家酒店竣工。
1964	62 岁	尼亚格尔小学竣工。圣凯瑟琳学院竣工。
1965	63 岁	发布牛津椅（弗里茨・汉森）。
1968	66 岁	发布八号椅 /Lily（弗里茨・汉森）。
1969	67 岁	勒藻勒中央图书馆竣工。
1971	69 岁	丹麦国家银行第一期施工完成（1978 年全部完成）。 去世（3 月 24 日）。

Finn Juhl

独具一格的审美眼光

芬·尤尔

（1912—1989）

————

对正统派凯尔·柯林特路线怀有对抗意识，以独创的方法设计家具

　　在众多丹麦家具设计师中，芬·尤尔是比较特别的一个。他以独创的方法，设计了无数美观的家具。与汉斯·维纳和伯格·摩根森不同，芬·尤尔没有木工师傅的资格，而且他对柯林特提倡的设计方法论怀有对抗意识。尽管饱受一部分木工师傅和柯林特派的设计师的批判，但芬·尤尔终其一生都在贯彻自己的方法。尤其是初期的作品，他多采用雕塑式的造型，设计出优雅的家具，被称为"家具的雕塑师"。

　　1912 年 1 月 30 日，尤尔出生在毗邻哥本哈根的腓特烈西亚地区。可以说，他和 1914 年出生的汉斯·维纳、伯格·摩根森是同一代设计师。尤尔的父亲约翰尼斯·尤尔经营一家编织品批发公司，因此家境比较富裕。不过，尤尔出生 3 天后，母亲就去世了。尤尔早年对艺术史感兴趣，并且考虑过将来成为艺术史学家，但是遭到身为企业家的父亲的反对。高中毕业后，18 岁的尤尔考入丹麦皇家艺术学院建筑系，师从卡伊·菲斯克。在那里，尤尔度过了和比他年长 10 岁的阿恩·雅各布森差不多的青年时代。

当时的丹麦皇家艺术学院，由凯尔·柯林特主导家具设计教育，在这个时期普遍认为柯林特的设计方法论才是丹麦现代家具设计正统派的风潮正在兴起。但是，尤尔没有迎合这股潮流，他一边学习建筑，一边用自己的方法设计家具。

在丹麦皇家艺术学院读书期间的 1934 年，尤尔加入了当时丹麦建筑界的领军人物威廉·劳瑞森[1] 的事务所，到离开为止大约 10 年时间里，他参与了各种各样的项目。尽管发生了世界经济危机，在劳瑞森事务所的工作量依然很大，尤尔选择从丹麦皇家艺术学院退学。在事务所工作期间，尤尔参与设计了凯斯楚普机场（哥本哈根）新航站楼和广播之家[2] 等。

邂逅能工巧匠尼尔斯·沃戈尔

1937 年，25 岁的尤尔第一次参加匠师协会展。但是，因为尤尔没有木工师傅的资格，所以需要有技艺精湛的家具匠师，来实现他的奇思妙想。于是，经过同为劳瑞森事务所的同事、著名的哥本哈根椅的设计者摩根·沃特伦[3] 介绍，尤尔认识了家具匠师尼尔斯·沃戈尔。对尤尔来说，这堪称命运的邂逅，两人的合作一直持续到 1959 年。

尤尔很早就对让·阿尔普、亨利·摩尔等雕塑家的作品感兴趣，这对其作品也产生了很大影响。具体的例子有初期作品鹈鹕椅[4]、诗人沙发[5]，都是在有机的、如雕塑一般的座椅下安装了 4 条

1 **威廉·劳瑞森**
Vilhelm Lauritzen（1894—1984）。丹麦建筑师，被誉为功能主义先驱。设计过广播之家和照明器具等。

2 **广播之家**
Radio House 丹麦国营广播公司 DR 的总部。

3 **摩根·沃特伦**
Mogens Voltelen（1908—1995）。设计有哥本哈根椅（尼尔斯·沃戈尔制作，1936年）等作品。

4 **鹈鹕椅**
芬·尤尔设计，家具制造商 onecollection 制作。

5 **诗人沙发**
芬·尤尔设计，家具制造商 onecollection 制作。

6 安乐椅 45 号
参见 P130。

7 奥德罗普格美术馆
1951 年开馆。建筑曾是保险公司创始人威廉·汉森的私宅，建于 1918 年（现在的美术主馆）。2005 年新馆开张。

8 芬·尤尔私宅
1941 年尤尔设计，翌年建成。后来又经过扩建。

9 蚱蜢椅
图为 onecollection 制作的复刻版。

末端呈圆形的脚。还有就是像尤尔的代表作安乐椅 45 号（NV45）[6] 那种，扶手本身就像雕塑作品一样的系列。

尤尔几乎是自学了椅子的设计，他并不具备木材加工及构造方面的知识。他设计椅子时，凭借的是从小看各种美术品培养起来的审美。因此，他的设计中会有加工困难的地方，或者从构造的角度来看通常应该避免的横木用法等。面对尤尔这种具有挑战性的设计，尼尔斯·沃戈尔怀着家具匠师的好奇心和骄傲，投入制作。尤尔和沃戈尔这对搭档合作的时间超过 20 年，创造出了无数代表丹麦现代家具设计的作品。

用自己设计的家具构成自家室内空间

1942 年，父亲去世，尤尔用他继承的遗产盖了自己的房子。当时由于第二次世界大战的影响，建材不足，不过幸运的是，尤尔在劳瑞森事务所工作，跟建材商有关系，因此搞到了建筑所需的材料。尤尔有个梦想，那就是用自己设计的家具来做内部装饰。这座房子成了他实现这一梦想的舞台。他在哥本哈根郊外、现在奥德罗普格美术馆[7] 的旁边买了土地，建起 2 栋平房，采用传统的人字形屋顶，中间由花园房连接[8]。

这座住宅建好时，尤尔的作品还很有限。后来的代表作、广为人知的安乐椅 45 号和酋长椅还没有设计出来，只有鹈鹕椅、诗人沙发，以及发布时遭到报纸等媒体取笑的蚱蜢椅[9] 等。不过，尤尔打定主意要用自己设计的家具充实室内，在沃戈尔的配合下，梦想一点点实现。

和家具一样，建筑本身也加入了许多独特的创意。每个房间根据功能用不同的颜色粉刷天花板，从中可以感受到尤尔对色彩的讲究。另外，安装在窗户外侧的百叶窗，其独特的设计是可以绕着合页打开 180 度，从而紧贴外墙。

尤尔喜欢夏日黄昏时北欧特有的柔和阳光，所以特意将起居室的大窗朝西设计，让夕阳可以照进来。这间起居室的落地窗左右的窗框可以弯折成"〈"字形状，大幅度地打开。用大开口连接住宅内侧和外侧的创意，可能是从日本传统住宅得到的灵感。起居室书桌上方悬挂着在劳瑞森事务所为广播之家设计的吊灯，他还设计了可以自由调整灯罩角度的台灯。

尤尔始终认为，居住空间不应该从外部设计，而是要根据人在其中生活的内部功能进行设计。在这样形成的内部空间里，摆上自己设计的家具和艺术家的艺术作品，作为装饰。无论是建筑本身，还是家具等内部装饰元素，外观都并不标新立异，但却无不体现着生活家尤尔的创意，由此构成的居住空间，可以说是尤尔花一生时间完成的作品。

1989 年尤尔去世后，芬·尤尔的私宅由他的伴侣汉娜·威廉·汉森[10]继续居住。2003 年汉娜去世后，比尔吉特·林格拜·佩德森买下这座住宅，捐赠给奥德罗普格美术馆。之后，这座住宅作为美术馆的一部分，仅在周末开放（执笔本书的

10 汉娜·威廉·汉森

　　Hanne Wilhelm Hansen(1927—2003)。她经营威廉·汉森音乐出版社。

2019 年 8 月处在休馆期间）。在丹麦国内，除私宅以外，尤尔设计的建筑只有阿瑟博的度假屋（1950年）、奥贝丁宅邸（1952年）、罗厄莱厄的度假屋（1962年），遗憾的是，这些现在都不复存在。只有芬·尤尔的私宅仍保持尤尔生活时的原样，它不仅能让我们领略尤尔的魅力，也是了解丹麦现代设计的珍贵资料。

陆续设计优雅美观的家具

安乐椅 45 号号称拥有世界上最美的扶手。不仅是扶手，椅子整体的平衡也非常美。特别是从斜后方看时，形状优雅而轻盈，它是全世界的椅子爱好者梦寐以求的椅子。连接前后腿的横梁和软体座面之间的缝隙，令座面看上去仿佛悬浮在空中。这一手法在后来发布的椅子上也得到应用。扶手和前后腿部无缝连接，显示出匠师精湛的技艺。现在，安乐椅 45 号已经由计算机控制的数控机床实现量产，不过即便是同一型号，因为制造年代和制造商不同，细节的形状也会有所不同。放在一起比较时，可以看到制作者在思考上的细微差别。

11 酋长椅

扶手背侧的尼尔斯·沃戈尔的铭文（烙印）

作为放在自家暖炉前的安乐椅，尤尔设计了酋长椅（酋长的椅子）[11]。据说，尤尔画这把椅子的草图只用了两三个小时。这把椅子在 1949 年的匠师协会展上亮相。开幕仪式上，丹麦国王弗雷德里克九世就坐在这把椅子上。发布之初，一部分报社指着那大大的扶手，揶揄它像在晾衣杆挂了一块炸肉排。不过，这把椅子体型较大，甚至让人感到有些威严，很符合"酋长的椅子"这个名字，因而被世界各国的丹麦大使馆采用。

　　除了椅子，尤尔也设计独特而美观的桌子、收纳家具、木制的碗和托盘等。有些桌子桌面边缘翘起，成为尤尔设计的桌子的特征。由路德维格·彭托皮丹（Ludvig Pontoppidan）制作并在 1961 年匠师协会展上展出的彩色小型双排抽屉柜，在尤尔的卧室里也有使用。

边桌（model 533）
（弗朗斯父子制作，1958 年）

橱柜
（苏林·拉德森制作，1952 年）

小型双排抽屉柜

设计联合国相关机构会议厅，
配置亲手设计的椅子

　　1945 年，被德国占领的丹麦获得解放，尤尔这年从劳瑞森事务所辞职，在哥本哈根新港（Nyhavn）的河畔成立了事务所。同年，他开始在腓特烈西亚工业专门学校任教，一直到 1955 年，教了十年室内设计。根据尤尔学生的手记，尤尔穿着时髦，总是乘着高档的美国制造的汽车来学校，对学生而言，他是个难以亲近的教师。尤尔从 1950 年前后开始花较多的精力在美国从事设计活动，是一个活跃于世界舞台的令人憧憬的设计师，学生难免会有仰视之感吧。

　　对尤尔而言，20 世纪 50 年代可谓进军美国的时代。50 年代前期，作为纽约联合国总部相关大楼的一部分，理事会会议楼开始建设。当时，从北欧各国选出了设计 3 个会议厅的建筑师。安全保障理事会会议厅的设计者是挪威的阿恩斯坦·阿内伯格（当时 68 岁），经济及社会理事会会议厅的设计者是瑞典的斯文·马克柳斯（当时 61 岁）。托管理事会会议厅则任命了当时年仅 38 岁的芬·尤尔。与阿内伯格和马克柳斯相比，无论是年龄还是经验，他与他们都有很大差距。

　　会议厅里，排列成马蹄形的会议桌周围，采用了 1951 年匠师协会展上展出的扶手椅。因为尼尔斯·沃戈尔的工房难以量产大量的椅子，会议厅用的扶手椅由美国的 Baker 家具制作。会议厅的墙面上纵向镶嵌着细长的护墙板，并悬挂着尤尔设计的壁钟。

60 多年以后，因为托管理事会会议厅严重老化，所以在 2011 年到 2012 年进行了大规模的翻修。负责翻修工程的室内设计和家具设计的，是现在仍活跃在丹麦的设计师组合，萨尔托和西斯歌德[12]。家具设计师卡斯帕·萨尔托和建筑师托马斯·西斯歌德这对组合，精通家具设计和室内设计，是对尤尔设计的会议厅进行重新设计的最佳人选。在两人的努力下，会议厅既保留了对芬·尤尔原有室内设计的尊重，又与时俱进地改头换面了。

在美国比在丹麦更早获得肯定

1953 年，尤尔在华盛顿的科科伦艺术馆举办个展，并在同一时期，为美国通用电器公司设计冰箱。从 1954 年到 1957 年在北美巡回的"斯堪的纳维亚设计展"（Design in Scandinavia）上，尤尔负责丹麦展区的设计工作，为将丹麦现代设计介绍到美国和加拿大做出了贡献。

支持尤尔在美国积极投身设计活动的，是小埃德加·考夫曼[13]。考夫曼是纽约现代艺术博物馆的策展人，也是建筑史学家，他的父亲是弗兰克·劳埃德·赖特的代表作流水别墅的施工方。尤尔和考夫曼同样热爱艺术，而且美学价值观一致，两人 1948 年相识后，友谊日益深厚。考夫曼对尤尔在美国的发展提供了全面的支持。在考夫曼的支持下，尤尔在美国获得了很高的知名度，成了与维纳齐名的丹麦代表设计师。

Finn Juhl

12 萨尔托和西斯歌德
　参见 P233。

萨尔托和西斯歌德重新设计的会议厅的椅子。参见 P237

13 小埃德加·考夫曼
　Edgar Kaufmann Jr.（1910—1989）。美国建筑师、建筑及艺术史学家。

在 20 世纪 40 年代的丹麦，人们对尤尔的评价并不高，总觉得他的设计只是在标新立异。但是，因为尤尔在 20 世纪 50 年代以后在国际上的活跃，他在丹麦也得到了肯定。

对芬·尤尔的评价不可动摇，流传后世

随着在丹麦国内的评价越来越高，尤尔变得忙碌起来。主要的工作还是室内设计。他承接的工作往往是国际性的。比如分布在世界 33 个地区的斯堪的纳维亚航空营业厅的室内装饰、DC-8 客机（道格拉斯公司制造）的机舱设计等。他还承接了汉娜·威廉·汉森（后来的伴侣）经营的音乐出版社[14]的店面设计，并使用了尤尔设计的家具。

从这一时期开始，尤尔向弗朗斯父子等量产家具制造商提供设计的机会越来越多[15]。因为需要以机械加工为前提进行设计，早期作品的那种只有手工才能实现的细腻、雕塑般的细节变少了。但是，即使在量产家具这一条件下，还是能从作品中看到各种试错的痕迹。

20 世纪 60 年代后期，丹麦家具设计整体开始衰退，尤尔退出了华丽的设计舞台，在奥德罗普的家中和汉娜一起安静地度过余生。1965 年，尤尔被芝加哥的伊利诺伊理工大学（IIT）聘为客座教授。IIT 正在实践当时世界最前沿的系统性的设计教育。也许是 IIT 和尤尔的教育观之间有隔世之感，尤尔不太受 IIT 的学生欢迎。

芬·尤尔没有等到丹麦现代家具设计重获肯

14 **威廉·汉森音乐出版社**
Edition Wilhelm Hansen1857年创办。

15 右边一页为弗朗斯父子制作的家具。

定，于 1989 年去世，享年 77 岁。芬·尤尔没能实现成为艺术史学家的梦想，但是却设计了无数堪称艺术品的家具。对芬·尤尔的评价，想必今后也不会动摇，定能流传后世 [16]。

16 1970 年在夏洛特堡宫，1982 年在丹麦工艺博物馆举办了尤尔回顾展。尤尔去世翌年，即 1990 年，日本各地（大阪、东京等）举办了追悼展。

◉ 芬·尤尔为弗朗斯父子设计的家具

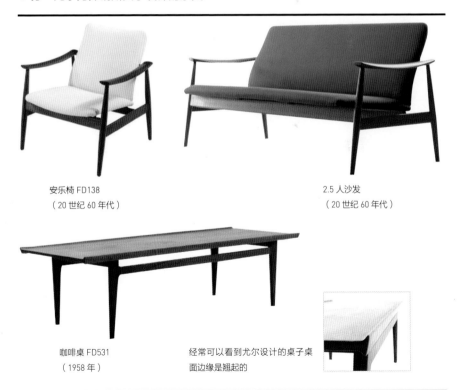

安乐椅 FD138
（20 世纪 60 年代）

2.5 人沙发
（20 世纪 60 年代）

咖啡桌 FD531
（1958 年）

经常可以看到尤尔设计的桌子桌面边缘是翘起的

【安乐椅45号】

【安乐椅 B072】

古代埃及新王国时期的木制椅子（公元前 1400~1300 年左右）。靠背是三角构造

【埃及椅】

法国洛可可风格的椅子（18 世纪）

丹麦制造的洛可可风格的椅子（19 世纪上半叶）

【安乐椅 53 号】

◉ 芬·尤尔　年谱

年	年龄	
1912		出生于毗邻哥本哈根的腓特烈西亚地区（1月30日）。
1930	18岁	就读丹麦皇家艺术学院建筑系，学习建筑（—1934年）。 在学期间师从卡伊·菲斯克。
1934	22岁	在威廉·劳瑞森的事务所就职。 参与设计凯斯楚普机场新航站楼和广播之家等（—1945年）。
1937	25岁	首次参加匠师协会展。 开始与尼尔斯·沃戈尔合作（—1959年）。和英格（Inge-Marie Skaarups）结婚。
1942	30岁	在哥本哈根郊外的奥德罗普格盖自己的房子。
1945	33岁	在腓特烈西亚工业专门学校任教（—1955年）。 在匠师协会展上发布安乐椅45号。
1946	34岁	完成 Bing & Grøndahl 制陶公司店铺的室内设计。
1947	35岁	获埃克斯贝尔奖章（Eckersberg Medal）。向伯威克（Bovirke）提供家具设计。 完成趣伏里公园设施的室内设计。
1948	36岁	邂逅小埃德加·考夫曼。
1949	37岁	在匠师协会展上发布酋长椅。
1952	40岁	纽约联合国总部托管理事会会议厅完成。 挪威特隆赫姆的北峡湾工艺博物馆常设展览"Interior-52"空间。
1953	41岁	在华盛顿的科科伦艺术馆举办个展。 设计冰箱（通用电器）。 开始与弗朗斯和达沃科森公司（后来的弗朗斯父子）合作。
1954	42岁	设计在北美巡回的"斯堪的纳维亚设计展"丹麦展区（—1957年）。 米兰三年展丹麦展区设计获金牌。获芝加哥 A.I.D. 奖。
1956	44岁	DC-8 客机（道格拉斯公司制造）的机舱设计。 斯堪的纳维亚航空世界33处营业厅的室内设计（—1958年）。
1957	45岁	完成伦敦的乔治·杰生店铺设计。
1959	47岁	设计弗朗斯父子店铺。
1960	48岁	邂逅汉娜·威廉·汉森。
1965	53岁	被聘为芝加哥伊利诺伊理工大学（IIT）客座教授。
1970	58岁	在夏洛特堡宫举办回顾展。
1972	60岁	享受国家功劳艺术基金提供的退休金。
1978	66岁	伦敦皇家文艺学会授予英国工业设计师协会勋章、特别外国人勋章。
1982	70岁	在丹麦工艺博物馆（现丹麦设计博物馆）举办回顾展。
1984	72岁	授予丹麦国家骑士勋章。
1989	77岁	去世（5月17日）。
1990		日本各地举办芬·尤尔追悼展（大阪、京都、名古屋、东京、旭川）。

Poul Kjærholm

极致的感受力
保罗·克耶霍尔姆
（1929—1980）

身为凯尔·柯林特派，
在丹麦现代家具设计界却很另类

　　保罗·克耶霍尔姆可以说在丹麦现代家具界是一个另类的设计师。之所以说他另类，是因为活跃在同时代的其他家具设计师都以设计木制家具为主，克耶霍尔姆却擅长设计金属制家具。克耶霍尔姆的作品即使放在汉斯·维纳和伯格·摩根森设计的木制家具旁边，也不会令人感到奇怪和不和谐。这也许是因为，尽管材料不同，它们却有丹麦家具设计师共通的工匠精神。

　　另外，克耶霍尔姆还把目光投向海外的现代设计，尤其受包豪斯的影响很大。代表作 PK22[1] 的侧面，令人想起密斯·凡德罗的巴塞罗那椅[2]。PK13可以认为是对马歇·布劳耶的西斯卡椅悬臂结构的大胆诠释。克耶霍罗姆还留下一张照片，他坐在查尔斯和雷·伊姆斯设计的成型胶合板椅子上（LCM），看着自己的毕业作品 PK25，可以看出他也很关注同时代的设计。

　　1929 年 1 月 8 日，在日德兰半岛北部一个人口不到 700 人的小城镇东弗罗（Østervrå），克耶霍尔

1 PK22

2 巴塞罗那椅

姆出生了。父亲经营商店，母亲是摄影师，克耶霍尔姆 7 岁时，举家搬到东弗罗近郊的约灵。

克耶霍尔姆幼时曾受重伤，长大成人后左脚仍有残疾。他喜欢画画，曾经梦想着成为画家。但是，父亲担心他腿脚不灵，希望他有份工作。在父亲的建议下，克耶霍尔姆 15 岁那年开始跟随约灵的木工师傅 Th. 格伦贝赫做学徒。后来，克耶霍尔姆读了 4 年专科学校，学习木工技术，取得了木工师傅的资格。

在汉斯·维纳的事务所做兼职

1949 年，20 岁的克耶霍尔姆进入哥本哈根美术工艺学校，遇到了在那里任教的汉斯·维纳。当时的维纳刚刚发布 CH24（Y 形椅）和圆椅，逐渐确立起丹麦家具设计师代表的地位。

维纳对这个同样来自日德兰半岛乡下，立志成为家具设计师的年轻人抱有某种亲近感，于是雇他做事务所的兼职。当时的哥本哈根美术工艺学校，除维纳以外，还有因设计悉尼歌剧院而著名的约恩·乌松[3]、家具设计师艾涅尔·拉森、阿克塞尔·本德·麦森等人任教。与柯林特所在的丹麦皇家艺术学院相比，师资有过之而无不及。

克耶霍尔姆便是在如此得天独厚的环境下开始家具设计的。作为哥本哈根美术工艺学校的毕业作品，他设计了 PK25[4]，又称元素椅（Element Chair）。1 根细长的铁板纵向剖开，构成腿部和座椅部连成一体的两侧框架，中间由 3 根垂直的平板

3 约恩·乌松
Jørn Utzon（1918—2008）。
丹麦建筑师。2003 年获普利兹克奖。

4 PK25

相连。这把椅子明确地显示了克耶霍尔姆后来发布的金属家具系列的方向。

前面提到的照片中，克耶霍尔姆在自己住的公寓里，坐着伊姆斯的 LCM，从侧面看着 PK25。通过这个形象，可以略知他从学生时代开始，就比别人加倍追求形式，容不得一丝一毫的差错。PK25 的设计在他与约尔根·赫伊[5] 共同设计的木制椅子（在 1952 年匠师协会展上展出）中得到了应用。

5 约尔根·赫伊
　Jørgen Høj（1925—1994）。

为将成型胶合板椅子产品化，设计 PK0

1952 年，克耶霍尔姆从哥本哈根美术工艺学校毕业，并从维纳的事务所辞职后，加入了丹麦最大的家具制造商弗里茨·汉森。当时，弗里茨·汉森刚开始量产雅各布森的蚂蚁椅。克耶霍尔姆也向弗里茨·汉森建议将成型胶合板椅子产品化。PK0[6] 的创意，从克耶霍尔姆就读哥本哈根美术工艺学校的时候就已经开始酝酿，它和 PK25 都出现在 1951 年画的图纸中。

但是，构成 PK0 的曲面比蚂蚁椅更为复杂，即便凭借弗里茨·汉森的技术，也难以稳定量产，所以只能推迟产品化。在那之后大约过了 1 年（也有资料显示为 2 年），克耶霍尔姆从弗里茨·汉森辞职。1997 年，

6 PK0

弗里茨·汉森为纪念创业 125 周年，限量生产了
600 把 PK0。一把把带有批号的 PK0，现在被全世
界的美术馆和家具收藏家收藏。

　　克耶霍尔姆离开弗里茨·汉森后，一边在母校
美术工艺学校担任夜间讲师，一边在约恩·乌松的
事务所、丹麦皇家艺术学院的工业设计系以及埃里
克·赫洛[7]的事务所兼职，维持生计。

邂逅科德·克里斯滕森

　　那一时期，克耶霍尔姆邂逅科德·克里斯滕
森，开辟了设计师的道路。在维纳一节中已经介绍
过，科德·克里斯滕森曾经是维纳家具销售网络
Salesco 的中心人物。克里斯滕森销售家具多年，是
一个很有手腕的商人，克耶霍尔姆还在维纳的事务
所兼职时，克里斯滕森就已经在关注他了。

　　看到 Salesco 的销售网络走上正轨后，克里斯
滕森用自己的名字"科德·克里斯滕森"注册了公
司，开始制作克耶霍尔姆的产品。克耶霍尔姆性格
沉默寡言，不擅长社交，科德·克里斯滕森便利用
自己广阔的人脉，支持克耶霍尔姆的设计活动。可
以说，这是一场命运的邂逅。

　　继 1955 年发布的餐椅 PK1 之后，科德·克里
斯滕森于 1956 年发布了克耶霍尔姆的代表作：休
闲椅 PK22、咖啡桌 PK61、壁挂式休闲沙发 PK26
和室内分隔板 PK111[8]。

（注）科德·克里斯滕森发布的克耶霍尔姆作品的产品编号，当初是用 Ejvind
Kold Christensen 的首字母缩写 EKC。例如，EKC22（后改为 PK22）。

7 埃里克·赫洛
　　Erik Herløw（1913—1991）。
　　设计餐具、照明器具、家具等。

PK1

PK22

PK61

8 PK111 的图参见 P145。

体现工匠精神的 PK22

　　PK22 由弹簧钢制成。最初尝试用普通钢材制作，但是因为 PK22 无法承受人坐在上面产生的负荷，腿部会前后分开，于是科德·克里斯滕森专程跑到德国，寻找可以加工弹簧钢的工厂。PK22 的构成要素极少：将弹簧钢扁钢弯成山形作为椅腿，用 2 根弧度较缓的金属横梁连接，然后放上包裹着薄金属框架的皮革座椅。

　　各个零件在专门的工厂加工而成，然后集中在一处组装，这一方法在当时还很新颖。克耶霍尔姆用当时还很罕见的内六角孔螺栓来连接零件。椅脚略向上弯，以防人坐上去时损伤地板。虽然框架使用金属材料，给人以冰冷的印象，但是与身体直接接触的部分使用了高档皮革，用来连接零件的螺栓形状的细节克耶霍尔姆都注意到了，这些无不体现出他作为丹麦设计师对工匠精神的重视。

　　21 世纪初我去丹麦留学时，PK22 就摆在凯斯楚普机场（哥本哈根）的走廊上[9]。在国家"门面"城市的机场摆放这款价格不菲的椅子，丹麦的这一姿态令我深受感动。随着全球化程度的不断加深，各种各样的人在机场这一公共空间里来来往往，大概很难再摆放 PK22 那样昂贵的椅子了吧。

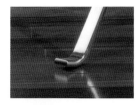

PK22 的椅脚

9　摆放在凯斯楚普机场走廊上的
　PK22。

出任丹麦皇家艺术学院家具系教授。历任教授都设计过 X 形折叠椅

　　1955 年，克耶霍尔姆成为丹麦皇家艺术学院家具系教授奥尔·温谢尔的助手。1959 年他升任副教

授，1976 年继温谢尔之后，出任家具系第三任教授。克耶霍尔姆性格沉默寡言，总是边抽烟边思考着什么。他对学生的作品也很严格，要求他们对形状进行说明时精确到毫米。克耶霍尔姆本来就不是喜欢社交的性格，加上他留着胡须的样子，大概会令学生感到难以接近吧。

丹麦皇家艺术学院家具系的历任教授依次是，第一任凯尔·柯林特，第二任奥尔·温谢尔，第三任保罗·克耶霍尔姆，第四任约尔根·加梅尔高[10]。有趣的是，这四个人都设计过 X 形结构的折叠椅。奥尔·温谢尔的椅子源头是古埃及的折叠椅，与其他三人的椅子有所不同。柯林特、克耶霍尔姆、加梅尔高三位教授设计的 X 形结构折叠椅，均实践了柯林特所提倡的重新设计的方法论。将这些椅子摆在一起进行比较，可以明显看出每位设计师的特点。

克耶霍尔姆用不锈钢重新设计了 1930 年柯林特设计的木制螺旋桨凳，这就是 1961 年发布的PK91。PK91 是将克耶霍尔姆所擅长的扁钢弯成螺旋桨状制成的，不过它有个缺点，折叠椅本来是以便于携带为前提，但是这款椅子却很重。

第四任教授加梅尔高跟克耶霍尔姆一样使用了金属材料，为了实现轻量化，加梅尔高将扁钢换成较细的钢棍，进行了重新设计。该作品于 1970 年发布。克耶霍尔姆看到加梅尔高的作品时，似乎还有些不愉快。

对于 1967 年维纳·潘顿发布的潘顿椅，克耶霍尔姆也愤怒地表示自己的设计被剽窃了（参见

Poul Kjærholm

10 **乔根·加梅尔高**
Jørgen Gammelgaard（1938—1991）。年轻时曾在 A. J. 艾弗森工房做家具匠师。

⊙ 皇家艺术学院家具系历任教授设计的 X 形交叉腿折叠椅

【凯尔·柯林特】 螺旋桨凳（1930 年）

【奥尔·温谢尔】 埃及凳（1957 年）

【保罗·克耶霍尔姆】 PK91（1961 年）

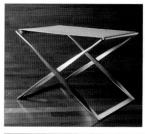

【约尔根·加梅尔高】

折叠凳
（1970 年）

螺旋桨凳（1970 年，
腿为玫瑰木，座为
羊皮纸）

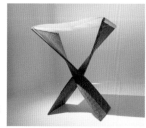

P151）。也许是对他其他设计师引用自己的作品有些神经质吧。不过，鉴于克耶霍尔姆也重新设计了柯林特的螺旋桨椅，与其追究加梅尔高的行为，不如说他弥补了前作的缺点，符合重新设计的正当程序。

PK91

Poul Kjærholm

妻子建筑师汉娜
设计的房子是代表丹麦的现代住宅

克耶霍尔姆于 1956 年听从科德·克里斯滕森的建议，在从哥本哈根出发乘电车沿着海岸北上大约 30 分钟的龙斯泰兹高档住宅区购买了土地[11]。1963 年，克耶霍尔姆的妻子、建筑师汉娜[12] 设计的房子完工。这是一座临海而建的平顶平房，与瑞典隔海相望。房子面朝大海，采用了左右对称的明快方案。汉娜对日本的建筑风格也很感兴趣，她在临海的一侧设计了凉台。家里摆放的家具都是丈夫克耶霍尔姆设计的。

暖炉前摆着沙发 PK31 和咖啡桌 PK61，用 PK111 与用餐区隔开。用餐区摆着可以扩展桌面的圆桌 PK54，周围是餐椅 PK9。朝向大海的窗边，摆着美丽的躺椅 PK24，凉台上摆着 3 条腿的凳子 PK33（参见 P145）。

摆放这些家具的主房间被划分成用餐区、起居区和书房区，但这些不是用墙隔开，而是通过布置家具来分区的。克耶霍尔姆夫妇为自己打造的这栋房子，作为丹麦的现代住宅代表之一而广为人知。

也设计木制家具

克耶霍尔姆晚年也设计了几款木制家具。1971 年，他设计了使用成型胶合板的休闲椅 PK27，1975 年，他为路易斯安那美术馆[13] 的音乐厅设计了木制折叠椅。摆在音乐厅里的折叠椅的座面和背板由削薄的木片编成，折叠椅在大厅里排列整齐的样

11 科德·克里斯滕森也在旁边购买土地并盖起房子。龙斯泰兹在丹麦语中写成 Rungsted，发音接近于"恭斯泰兹"。

12 汉娜·克耶霍尔姆
Hanne Kjærholm（1930—2009）。1953 年，与同乡保罗·克耶霍尔姆结婚。从 1989 年开始任丹麦皇家艺术学院建筑系教授。丹麦女建筑师的代表。

13 路易斯安那美术馆
设立于 1958 年，位于哥本哈根以北 30 多千米处，有"世界最美美术馆"之称。主要收藏现代艺术作品。照片为音乐厅里排列整齐的折叠椅。

子十分壮观。音乐厅里的椅子，在摆放的时候要考
虑不能产生过度的回响。PK27 和音乐厅折叠椅获
得了由丹麦家具制造联盟颁发的奖项。

　　1979 年，克耶霍尔姆发布 PK15。PK15 是在
1962 年设计的金属制的 PK12 基础上重新设计而
成的，灵感来自索耐特的扶手椅。这把椅子将榉
木利用压木（沿纤维方向压缩的木材）技术弯曲。
PK15 在座面下方加了环状的加固零件，并将上下
靠背用一段小零件连接，这都是金属制的 PK12 所
没有的。从中可以看到克耶霍尔姆试错的痕迹。

◉ 保罗·克耶霍尔姆的木制家具

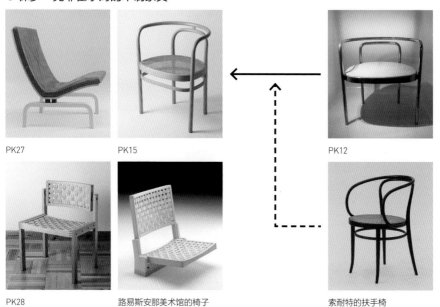

PK27　　　　　PK15　　　　　　　　　　　　PK12

PK28　　　　路易斯安那美术馆的椅子　　　　索耐特的扶手椅

不断追求极致凝练的形式，
51 岁英年早逝

　　如上所述，克耶霍尔姆曾挑战木制家具，在丹麦皇家艺术学院家具系教授职位上的付出也不遗余力。1980 年，克耶霍尔姆因肺癌去世。据说他烟瘾很重，总是一边手拿着香烟一边思考。他去世时年仅 51 岁，不仅对丹麦皇家艺术学院，对丹麦家具行业也是一记重击。

　　科德·克里斯滕森失去了多年的伙伴。据说，科德·克里斯滕森曾尝试将克耶霍尔姆设计的多个家具系列的制造许可证出售给生产查尔斯和雷·伊姆斯的美国制造商哈曼·米勒，但是因为品质得不到充分的保障，所以打消了出售的念头。最终，科德·克里斯滕森拥有的克耶霍尔姆家具的制造许可证，大部分都由丹麦大型量产家具制造商弗里茨·汉森接手。

　　克耶霍尔姆一生都在不懈地追求极致凝练的形式。他的家具美观而不失严肃，作为增加空间庄重气氛的元素，至今仍得到许多室内设计师的支持。

PK11。1957 年发布。椅腿为砂光加工（哑光加工的一种）的不锈钢制。扶手为榉木。
参见 P178

◉ 保罗·克耶霍尔姆家中的家具

摆在暖炉前的沙发 PK31

咖啡桌 PK61

摆在 PK54 周围的餐椅
PK9

可扩展桌面的圆桌 PK54

隔出用餐区的 PK111

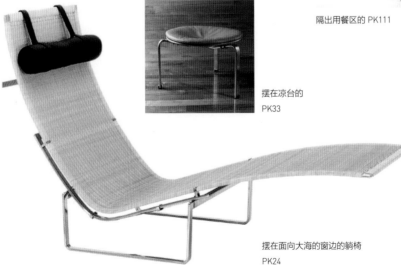

摆在凉台的
PK33

摆在面向大海的窗边的躺椅
PK24

◉ 受包豪斯影响的椅子 PK20

MR 椅（MR10，密斯·凡德罗，
1927 年）

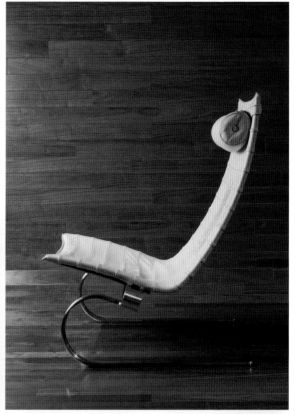

◉ 保罗·克耶霍尔姆　年谱

年	年龄	
1929		出生于日德兰半岛北部的东弗罗（1月8日）。
1936	7岁	举家搬到东弗罗近郊的约灵。
1944	15岁	跟随约灵的木工师傅 Th. 格伦贝赫做学徒。
1948	19岁	取得木工师傅的资格。
1949	20岁	就读哥本哈根美术工艺学校，学习家具设计。 师从汉斯·维纳、约恩·乌松、艾涅尔·拉森、阿克塞尔·本德·麦森等人（—1952年）
1950	21岁	在汉斯·维纳的事务所兼职（—1952年）。
1951	22岁	作为哥本哈根美术工艺学校的毕业作品，设计PK25。
1952	23岁	在弗里茨·汉森工作（—1953年）。设计PK0（1997年限量生产）。
1953	24岁	与来自约灵的汉娜·达姆结婚。 在埃里克·赫洛的事务所兼职（—1955年）。
1955	26岁	邂逅科德·克里斯滕森，发布PK1（餐椅）。 在帕拉·休恩森的事务所兼职（—1959年）。 成为丹麦皇家艺术学院家具系奥尔·温谢尔教授的助手（—1959年）。
1956	27岁	发布PK22（休闲椅）、PK61（咖啡桌）、PK26（壁挂休闲沙发）、PK111（室内隔扇）。 在龙斯泰兹购买土地。
1957	28岁	长女克里斯蒂娜出生。 发布PK55（书桌）、PK11（书桌用小椅子）、PK71（嵌套桌）。 获米兰三年展最高奖。
1958	29岁	获第8届伦宁奖。发布PK31（休闲椅、沙发）、PK33（3腿凳）。
1959	30岁	担任丹麦皇家艺术学院家具系讲师（—1973年）。
1960	31岁	获米兰三年展最高奖（丹麦馆展示设计）。
1961	32岁	发布PK91（折叠凳）、PK9（餐椅）、PK54（餐桌）。 长子托马斯出生。
1962	33岁	发布PK12（金属扶手椅）。
1963	34岁	妻子汉娜设计的住宅完成。
1965	36岁	发布PK24（躺椅）。
1967	38岁	发布PK20（休闲椅）。
1971	42岁	发布PK27（成型胶合板休闲椅）。获丹麦家具制造协会奖、ID Prize工业设计大奖。
1974	45岁	发布PK13（悬臂扶手椅）。
1975	46岁	发布为路易斯安那美术馆的音乐厅设计的木制折叠椅。
1976	47岁	出任丹麦皇家艺术学院家具系教授（—1980年）。
1977	48岁	获丹麦家具制造协会奖。
1979	50岁	发布PK15（木椅）。
1980	51岁	去世（4月18日）。

Verner Panton

丹麦现代家具设计的异类
维纳·潘顿
（1926—1998）

——————

少年时期立志成为画家，
却走上建筑师之路

　　著名的潘顿椅的设计者维纳·潘顿，1926 年 2 月 13 日出生于菲英岛西部的根措夫特市。父亲经营传统民宿和酒吧，潘顿就在房客和来酒吧喝酒的当地居民的围绕下长大。潘顿起初想成为画家，但是遭到父亲的反对，于是把志向改为建筑师。潘顿整个一生在设计空间及其附属家具时都很重视色彩，他的素养是在立志成为画家的少年时期养成的。

　　1944 年，潘顿高中毕业后，就读位于菲英岛最大城市欧登塞（童话作家安徒生的故乡）的高等工业学校，学习建筑基础知识。当时的丹麦正处在第二次世界大战时，据说潘顿有一段时间还参加过抵抗运动。战后，潘顿从高等工业学校毕业，就读位于哥本哈根的丹麦皇家艺术学院建筑系。在学期间的 1950 年，潘顿和同为建筑系学生的托芙·坎普[1]结婚。坎普是著名的 PH 灯设计者保罗·汉宁森[2]的继女。潘顿通过坎普与汉宁森成为好朋友，又通过汉宁森获得了在阿恩·雅各布森的事务所工作的机会。不过，潘顿与坎普的婚姻生活只持续了 1 年。

1　托芙·坎普
　Tove Kemp（1928—2006）。

2　保罗·汉宁森
　Poul Henningen（1894—1967）。丹麦建筑师、设计师、评论家。设计了路易斯·普尔森公司的 PH 系列照明灯具。参见 P260。

在雅各布森的事务所，潘顿参与了蚂蚁椅的开发工作。他当时一定在旁边见证了雅各布森坚持不懈地与制造商交涉，成功将蚂蚁椅产品化的过程。

为趣伏里公园餐厅设计的椅子由弗里茨·汉森商品化

潘顿在雅各布森事务所待了两年，然后和朋友凑钱买了一辆大众面包车，改装成房车，便出发去欧洲各地流浪旅行。旅行持续了大约三年。这期间，潘顿走访了欧洲各地的家具制造商，增长了见闻。但是，因为他作为设计师资历尚浅，当时还没有拿出具体的成果。

1955 年，潘顿结束了漫长的流浪之旅，回到丹麦。这一年，他取得其作为设计师的最初的成果。蚂蚁椅的制造商弗里茨·汉森将单身汉椅[3] 和趣伏里椅[4] 产品化了。趣伏里椅的框架由细钢管弯折而成，然后在框架的座椅部分缠绕树脂制的绳子或藤蔓。它本来是为趣伏里公园内的餐厅设计的。趣伏里椅给人以轻量、休闲的印象，因为使用方便，所以很适合在餐厅使用。不过，潘顿在设计趣伏里椅时尚未发挥出其个人风格，从中可以感受到他在雅各布森事务所工作时期所受的影响。趣伏里椅一度绝版很长时间，后来蒙塔纳[5] 取得制造许可证，于2003 年复刻（单身汉椅也由该公司于 2013 年复刻）。

1958 年，父亲经营的民宿扩建，潘顿负责室内设计。他为此设计了锥形椅[6]，可以说是他的早期代表作，和趣伏里椅一起摆在民宿的餐厅里。室

3 单身汉椅
Bachelor Chair 可拆卸式。照片中为弗里茨·汉森产品。

4 趣伏里椅
Tivoli Chair 潘顿设计的第一把椅子，因此被命名为 PANTON ONE。它用于哥本哈根的趣伏里公园，是丹麦著名的户外家具名作之一，通称趣伏里椅。2003 年，蒙塔纳公司内部用。

5 蒙塔纳
Montana 1982 年创业。丹麦家具制造商。主力商品为系统收纳家具"蒙塔纳系统层架"。

6 锥形椅
Cone Chair。

7 钢丝锥形椅
Wire Cone Chair 采用一点支撑结构,可旋转。

8 玛丽安·潘顿
Marianne Panton 1964 年与维纳·潘顿结婚。身穿鲜红色衣服的玛丽安坐在鲜红色的锥形椅上的照片很有名。

9 Z 形椅
Zig-Zag Chair 设计于 1932—1933 年。由荷兰的 Metz & Co. 制作。可堆叠。现在由意大利的卡西纳公司制作。早在 1927 年,拉什兄弟(Heinz & Bodo Rasch)就发布过相同结构的椅子。

10 A. 索莫
A. Sommer 是擅长成型胶合板的制造商。除 S 椅以外,还制造过潘顿的扶手椅等。

11 S 椅
参见 P155。

12 潘顿椅
Panton Chair 1958 年的潘顿的手稿中留有最初的设计方案。1960 年制作了实际尺寸的试制模型。参见 P155。

13 维特拉
Vitra 1950 年创业的瑞士家具制造商。著名产品有潘顿椅、贾斯伯·莫里森(Jasper Morrison)的 HAL 椅、让·普鲁韦(Jean·Pronve)的标准椅等。

内装饰使用了潘顿一生钟爱的红色,锥形椅自不必说,连餐厅的桌布、员工的制服都是清一色的红色。

1960 年,潘顿参与了挪威特隆赫姆的阿斯托里亚酒店改建工作。和父亲的民宿一样,他在这里也设计了红色主题的空间,只不过,因为这里是成年人的社交场所,包括舞厅,为了烘托气氛,潘顿选择了色调更加热情的红色。咖啡厅里摆的钢丝锥形椅[7],是用钢丝框架改版的锥形椅。

特隆赫姆的工作结束后,潘顿再次踏上流浪之旅,在大西洋的特内里费岛上,他邂逅了与他共度余生的伴侣玛丽安[8]。1963 年以后,潘顿以瑞士的巴塞尔为据点,展开设计活动。

震惊世界的潘顿椅

1956 年,潘顿重新设计了赫里特·托马斯·里特费尔德的 Z 形椅[9]。该椅采用悬臂结构和成型胶合板技术,从设计到产品化,大约花了 10 年时间。1965 年,该椅由德国的 A. 索莫[10]制造,取名 S 椅[11],与索耐特(德国家具制造商)合作销售。他在雅各布森事务所参与开发成型胶合板的蚂蚁椅的经验得到了发挥。

两年后,1967 年,以潘顿自己的名字命名的代表作潘顿椅[12]问世。潘顿椅的创意已酝酿多年,但是以当时的塑料成型技术实现起来非常困难,最后与瑞士的家具制造商维特拉[13]的研发人员合作,终于产品化。

潘顿椅采用悬臂结构,用一体成型的聚酯树

脂 FRP[14] 制成，没有接缝，可以堆叠。这把椅子的出现，给全世界带来了巨大的冲击。在后来的改良中，使用的树脂材料有所变化，如硬质聚氨酯树脂（1968—1971 年、1983—1999 年）、聚苯乙烯树脂（1971—1979 年），1999 年以后则由使用了环保的聚丙烯树脂的 FRP 制造。把各个型号摆在一起比较，可以看出不同树脂表面质感的差异，除此以外，还可以发现部分型号座椅底部安装了加固部件。

潘顿椅因为其充满魅力的外观，也会出现在女性模特的照片中。这类照片往往使用早期的光泽艳丽的潘顿椅。

具有丹麦人特点的设计师？

现在，潘顿椅几乎成了潘顿的代名词。不过在 1967 年，潘顿椅发布不久，就被卷入剽窃争议。提出剽窃质疑的，是贡纳尔·阿加德·安德森和保罗·克耶霍尔姆。两人声称在 20 世纪 50 年代前期就有与潘顿椅非常相似的创意，并用报纸糊在钢丝框架上，制成了粗糙的模型[15]。克耶霍尔姆甚至作证说，潘顿在大学的研究室里看到了自己的模型。

对于这一质疑，潘顿没有做出具体的反驳，再加上他在看过克耶霍尔姆的模型之后就踏上了流浪之旅，所以引起的各种猜测，直到今天也没有定论。不过，坚持不懈地跟制造商的开发人员打交道，成功实现产品化的人，毫无疑问就是潘顿，所以把这款椅子称为潘顿椅最合适不过吧。

关于 S 椅和潘顿椅，其他家具设计师或许也

14 FRP
纤维增强塑料（Fiber Reinforced Plastics）。

15 保罗·克耶霍尔姆的钢丝椅（原型，1953 年）。参见 P155。

Verner Panton

曾画过草图，或试制过模型，但潘顿的优秀之处就是，和制造商一起不断地试错，直到成功。虽然潘顿在丹麦现代家具设计界被视为异类，但是从他与制作者的合作态度来看，可以说他是很有丹麦人特点的设计师。

陆续发布颠覆家具概念的作品

不管好坏，潘顿通过潘顿椅博得了关注。20世纪60年代后期到70年代前期，潘顿接二连三地发布崭新的家具和室内装饰空间，消除了来自外部的质疑。1968年发布的生活塔[16]颠覆了传统家具的概念，由生活塔扩展而来的Visiona 2[17]（在1970年科隆国际家具展览会上发布），则营造了一个仿佛生活在零重力状态下的独特空间，震惊了世界。除了家具，潘顿还设计了许多照明器具，如VP Globe地球吊灯[18]、Flowerpot花盆吊灯等，装点着他设计

17　Visiona 2
　　摆放在Visiona 2空间内的缤纷圆凳
　　（Visiona Stool，1970年）。

16　生活塔
　　Living Tower 1968年发布设计
　　后，1969年由维特拉制作。

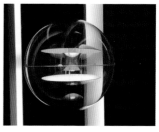

18　VP Globe 地球吊灯

的独特空间。

可以说，潘顿设计的精髓，表现在由潘顿亲自设计的家具、照片器具、纺织品、墙纸等构成的综合的室内装饰空间。但是，潘顿独创的色彩炫目的空间并不能长久保存。这一方面是因为人们对潘顿设计的态度两极分化，另一方面是因为潘顿的设计以商业空间和展品居多，而这类空间翻新的周期往往较短。1969年，潘顿承接了明镜出版社（汉堡）总部的室内设计，这是一项大工程。其员工食堂的一部分后来分别移设到重建的公司办公楼和汉堡艺术与工艺博物馆，因此至今仍可一窥往昔的潘顿世界。

距离哥本哈根的趣伏里公园和SAS皇家酒店不远的马戏团大厦[19]在1984年改建时，潘顿负责照明和色彩策划，他用以紫色为主的色彩搭配，营造出了非日常的感觉。2003年改建后，马戏团大厦成为娱乐剧场，并设有餐厅，不过似乎仍保留着潘顿设计的氛围。

1993年，潘顿为京都的兴石[20]设计了适合日本传统房间的低座椅子榻榻米椅[21]。这把椅子可能是由他1973年通过弗里茨·汉森发布的系统1-2-3系列[22]重新设计而来，很适合日本的居住环境，堪称隐藏的名作。

19 马戏团大厦

20 兴石
以营造数寄屋建筑（日本建筑样式的一种）著称的中村外二工务店的家具部门。在京都市北区大德寺附近有展示厅。主要经营北欧经典家具。

21 榻榻米椅
参见P156。

22 系统1-2-3系列（右侧图为摇椅）

对色彩的探究心与实现创意的忍耐力

23 关于色彩的考察

因为奇特而流行的色彩的运用和崭新的创意，潘顿常被视为异类。但是，潘顿绝不是乘着流行文化的东风博人眼球。对色彩的探究心和实现创意的忍耐力才是潘顿的原动力。

1991 年，潘顿通过丹麦设计中心发表论文《关于色彩的考察》（ Lidtom farver. Notes on colour)[23]（ 1997 年修订），以随笔的形式总结了潘顿一生通过自己的眼睛学到的关于色彩的知识和经验。根据该书内容，潘顿最爱红色，最讨厌白色，而白色恰恰是现代建筑象征性的颜色。不知道潘顿对他的老师阿恩·雅各布森的贝拉维斯塔住宅区、贝拉维尤剧院和餐厅是如何看待的。

1995 年，步入晚年的潘顿和妻子玛丽安一起回到故乡丹麦，定居哥本哈根。1998 年 9 月 5 日，潘顿突然去世。那是在现代美术馆[24]策划的"维纳·潘顿光线与色彩"展开幕的 12 天前。通过这场意外地变成追悼展的展览，潘顿的成就在祖国丹麦也得到了认可。

现在丹麦家具设计场景的新趋势，配色稍显华丽的家具逐渐引起关注（GUBI[25] 等）。大概无论哪个时代，都需要有异类来挑战正统派，为这个世界增添不一样的颜色。

24 乔菲特现代美术馆
乔菲特（ TRAPHOLT ）位于日德兰半岛东南部的海岸城市科灵。收藏有大量现代艺术作品和家具。
参见 P215。

25 GUBI
丹麦家具及室内装饰品牌。
1967 年设立。

⊙ 维纳·潘顿的椅子和保罗·克耶霍尔姆的钢丝椅

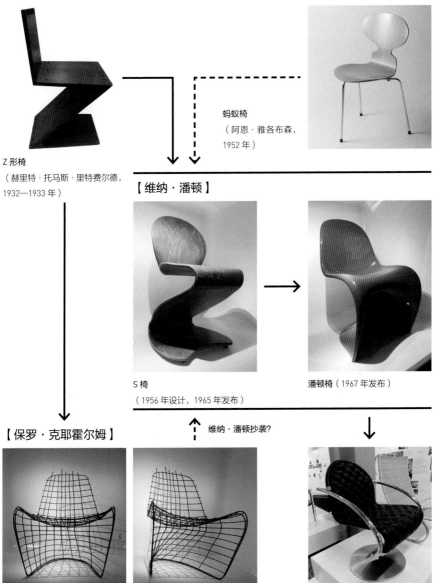

Verner Panton

Z 形椅

（赫里特·托马斯·里特费尔德，
1932—1933 年）

蚂蚁椅

（阿恩·雅各布森，
1952 年）

【维纳·潘顿】

S 椅

（1956 年设计，1965 年发布）

潘顿椅（1967 年发布）

【保罗·克耶霍尔姆】

维纳·潘顿抄袭?

钢丝椅原型（1953 年）

系统 1-2-3（1973 年）

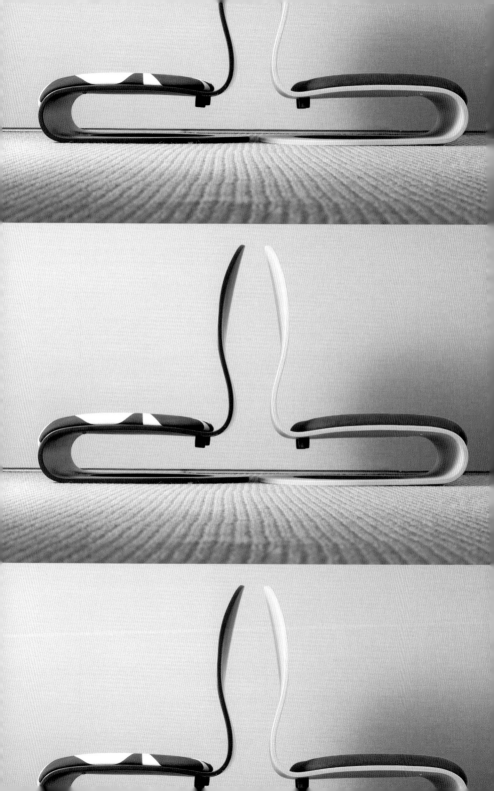

◉ 维纳·潘顿　年谱

年	年龄	
1926		出生于菲英岛西部的根措夫特市（2月13日）。
1944—1947	18—21 岁	就读欧登塞的高等工业学校，学习建筑基础知识。
1947—1951	21—25 岁	在丹麦皇家艺术学院学习建筑。
1950	24 岁	与保罗·汉宁森的继女托芙·坎普结婚（翌年离婚）。
1951	25 岁	在阿恩·雅各布森的事务所工作，参与开发蚂蚁椅。
1953—1955	27—29 岁	改装大众面包车，周游欧洲各地。
1955	29 岁	通过弗里茨·汉森将单身汉椅和趣伏里椅产品化。
1958	32 岁	在父亲的民宿扩建时负责室内设计。 设计早期的代表作锥形椅。
1960	34 岁	参与特隆赫姆（挪威）的阿斯托里亚酒店改建工作。再次踏上周游欧洲各地之旅，在特内里费岛邂逅玛丽安·费尔森·埃滕海姆。
1963	37 岁	与玛丽安结婚，在瑞士的巴塞尔设立事务所。
1965	39 岁	重新设计 Z 形椅（里特费尔德），取名 S 椅并通过索耐特发布。女儿卡琳出生。
1967	41 岁	通过维特拉发布代表作潘顿椅。 该椅引发抄袭争议（保罗·克耶霍尔姆等提出质疑）。获 PH Prize 奖项。
1968	42 岁	发布生活塔、照明器具 Flowerpot（路易斯·普尔森）。 获 Eurodomus 2 奖（意大利）。
1969	43 岁	负责明镜出版社（汉堡）总部大楼的室内设计。 接受澳大利亚建筑中心颁发的奖牌。
1970	44 岁	发布由生活塔扩展而来的 Visiona 2（科隆国际家具展）。
1971	45 岁	负责奥胡斯的瓦尔纳餐厅的室内设计。
1972	46 岁	移居巴塞尔（瑞士）的宾宁根。获 Gute Form 优良设计奖（德国）。
1973	47 岁	负责古纳雅尔出版社（汉堡）办公楼的室内设计。 发布系统 1-2-3 系列（弗里茨·汉森）。
1977	51 岁	发布照明器具 VP Europe（弗里茨·汉森）。
1978	52 岁	获丹麦家具奖。
1979	53 岁	在瑞士国际家具展上举办"Pantorama"特别展。
1984	58 岁	负责马戏团大厦改装的照明和色彩策划。 出任奥芬巴赫设计学院的客座教授。
1986	60 岁	获 Sadolin 色彩奖（丹麦）、Gute Form 奖（德国）。
1991	65 岁	获丹麦设计师艺术奖。 发表《关于色彩的考察》（Lidt om farver. Notes on colour）（1997 年修订）。
1992	66 岁	获挪威设计奖。
1993	67 岁	发布低座椅子榻榻米椅（兴石）。
1995	69 岁	携妻子玛丽安移居故乡丹麦。
1998	72 岁	被丹麦女王授予丹麦国旗骑士勋章。去世（9月5日）。 在现代美术馆举办"维纳·潘顿光线与色彩"展（9月17日—）。

Nanna Ditzel

丹麦家具设计界的第一夫人
南娜·迪策尔
（1923—2005）

———

听着凯尔·柯林特的课
学习家具设计理论

丹麦现代家具设计黄金期，男性家具设计师、男性家具匠师占大多数。南娜·迪策尔是为数不多的女性设计师之一。除家具以外，她还设计首饰、纺织品，是一位对色彩很讲究的设计师。

南娜·豪伯格（旧姓）于 1923 年 10 月 6 日出生于哥本哈根。她是三个女儿中最小的一个。也许是受关心艺术和设计的母亲的影响，两个姐姐分别成为陶艺家和服饰设计师，最小的孩子南娜则立志当家具设计师。

1942 年高中毕业后，19 岁的南娜进入一所家具匠师培训学校（Richard School）学习技术。与维纳和摩根森相比，南娜接受家具匠师训练的时间较短，但是要学习家具设计，这似乎是必不可少的。

到了 20 岁，南娜进入哥本哈根美术工艺学校，开始正式学习家具设计。在学期间，她还去丹麦皇家艺术学院做凯尔·柯林特的旁听生，学习了柯林特提倡的家具设计理论。

夫妇二人成立设计事务所，
在比赛中连连获奖

南娜在哥本哈根美术工艺学院的阁楼上邂逅了乔根·迪策尔[1]，两人情投意合，携手从事设计工作。乔根原本打算子承父业做家具匠师，学习了一段时间椅子面料包裹技术后，也在哥本哈根美术工艺学校学习家具设计[2]。两人后来私下里也形影不离，1946 年从哥本哈根美术工艺学校一毕业就结了婚，并共同成立了设计事务所。

从在学期间的 1944 年，到事务所成立后的 1952 年，南娜和乔根设计的家具由路易斯·G. 提尔森[3]、克努德·威拉森[4]等家具匠师制作，并在匠师协会展上展出。除了家具，两人还凭借纺织品、玻璃制品、陶品、珐琅制品和金属饰品等，在众多比赛中斩获奖项，成了当时赫赫有名的"踢馆选手"。他们在 1951 年、1954 年、1957 年的米兰三年展上获得银牌，1960 年获得金牌。另外，他们还在 1954 年出版了《丹麦椅子》[5]（Danish Chairs）一书，介绍当时的丹麦现代家具。

1 乔根·迪策尔
  Jørgen Ditzel（1921—1961）。

2 乔根惯用左手，用不惯一般的木工工具。这也是他选择学习椅子面料包裹技术的原因之一。

3 路易斯·G. 提尔森
  Louis·G. Thiersen。

4 克努德·威拉森
  Knud Willadsen。

5 《丹麦椅子》

乔根（左）与南娜

1944 年的匠师协会展上，乔根和南娜的展位。展示了路易斯·G. 提尔森、克努德·威拉森等家具匠师制作的家具。

藤编吊椅获好评

　　20 世纪 50 年代，南娜和乔根发布了数款藤编家具。其中比较有代表性的，是用锁链悬挂在天花板或悬吊支架上的蛋形吊椅[6]。这把编成蛋形，如摇篮一般的椅子，因为摇荡起来很舒服，而且三面围住，令人很有安全感，因此受到各个年龄层的人的喜爱。藤编家具透气性好，因此也很适合日本高温潮湿的气候。

　　1956 年，两人的这些成果受到高度评价，和芬兰的玻璃设计师蒂莫·萨尔帕内瓦一起获得了伦宁奖。他们用得到的奖金于 1957 年赴希腊，于 1959 年赴美国和墨西哥考察旅行。

　　他们的事业可谓一帆风顺。然而 1961 年，乔根患上胃癌，40 岁英年早逝，留下妻子和三个年幼的女儿。南娜失去了丈夫兼工作伙伴之后，依然继续着设计师的工作。

再婚后在伦敦活动，用新材料设计家具

　　南娜既是设计师，又是一位母亲，因为有这样的生活经验，她设计了面向儿童的家具，例如 Lulu 摇篮[7]，以及由不同尺寸构成的 Trissen 系列[8] 等。Trissen 系列利用木工车床制成的同心圆的设计很有特点。除了儿童用的，南娜

6 蛋形吊椅
　由丹麦西卡设计（Sika Design）制造。面向日本市场的产品由山川滕日本株式会社（Yamakawa Rattan Japan Inc.）制造。

还设计了成人用的尺寸，以及仿佛两把凳子摞在一起的吧台凳。能够在简单造型的基础上做出丰富的变化，可以说是优秀设计的证明。当初家具只用花旗松制作，后来又使用橡木、山毛榉、桦木，并增加了

7 Lulu 摇篮

8 Trissen 系列

丰富的颜色变化。

Trissen 系列的成功，为成为独立设计师的南娜带来了自信。从 1962 年到 1965 年，南娜在伦敦、纽约、柏林等世界各地举办个展。当时全世界都在关注丹麦现代家具设计，南娜的个展大获成功，活动范围扩展到了全世界。

9 库尔特·海德
Kurt Heide（未知—1985）。

1968 年，南娜和库尔特·海德[9]再婚。库尔特·海德在伦敦经营大型家具商店。南娜也将活动的重心从哥本哈根转移到伦敦。南娜和库尔特一起成立了 Interspace 公司，并设立展示厅和设计事务所，继续不知疲倦地工作。在伦敦，除了以往使用的木材和藤条，南娜还使用新材料，例如 FRP 等塑料材料，以及聚氨酯硬质泡沫成型技术，在家具设计中加入了自由的曲面，因而大大扩展了表达的幅度。

1981 年，南娜多年的国际活动得到认可，她出任伦敦设计与工业协会会长，在从事设计师工作的同时，为英国的工业设计发展也做出了贡献。

第二任丈夫也因癌症去世，回到丹麦继续工作

南娜在伦敦的设计圈认识的朋友越来越多，无论工作还是生活都很充实，然而丈夫库尔特却患上癌症，65 岁去世。前一年他们刚刚卖掉 Interspace 公司，计划两人一起享受退休生活，结果却发生了这样的悲剧。南娜一度也考虑过退休，但最后还是决定回到故乡哥本哈根，重新出发。1986 年，南

娜将设计事务所兼住宅设
在哥本哈根市中心的斯楚
格街，并在这里度过了
余生。

丹麦设计中心一直
在关注南娜在伦敦的活跃
表现，南娜回国后，丹麦
设计中心便邀请她出任乔
治·杰生基金会和丹麦设
计中心的理事。此外，南

10 双人长椅
Bench for two。

娜还被选为国立艺术基金会下设的设计工艺委员会
会长。就这样，南娜一边做理事、会长的工作，一
边在哥本哈根从事设计活动。

1990 年，双人长椅 [10] 在"第一届旭川国际家
具设计大赛（IFDA）"上获得金奖。这件作品的靠
背使用薄曲面胶合板，上面描绘着同心圆花纹，兼
具实验性和绘画性元素。可以说，这件作品体现了
南娜的新方向。

1992 年，在 S·E（Snedkernes Efterårsudstilling，
匠师秋季展）上，南娜与 PP 莫布勒合作，展出了
使用榉木压缩木材和成型胶合板制成的扇形椅 [11]。
该椅的座面和背板上都设计了放射状的缝隙，十
分美丽。遗憾的是，因为开缝加工耗时，椅腿强
度堪忧等原因，该椅当初并没有产品化。后来，
由计算机控制的数控机床提高了开缝加工的效率，
椅腿材料改为钢管，解决了当初的问题。1993 年，
腓特烈西亚将其产品化，成为特立尼达系列 [12]。

11 扇形椅
Fan Chair 图参见 P165。

12 特立尼达系列
叫"特立尼达"这个名字，是
因为其灵感来源于特立尼达岛
（加勒比海）的传统透雕。图
参见 P165。

1997 年，南娜设计了城市长椅[13]。该椅采用钢铸框架，上面排列着棒状木材。两个侧面上设有与特立尼达系列类似的缝隙。该椅摆在哥本哈根的公园，与城市的风景融为一体。

年近 80 岁的现役设计师

1995 年，南娜多年的功绩得到认可，被丹麦王室授予丹内布罗格勋章。1996 年，她被英国王室选为名誉皇家御用设计师。2000 年以后，南娜仍在发布新作品，作为代表丹麦的资深设计师，不知疲倦地工作[14]，一直到 2005 年去世，享年 81 岁。

南娜·迪策尔年轻时在以男性为中心的家具行业施展才华，后来在伦敦成为国际性的设计师，晚年回到故乡哥本哈根促进行业的发展。在丹麦家具设计界，她是名副其实的第一夫人。她的努力，为现在丹麦女性设计师与男性的平等地位奠定了基础（参见第 5 章塞西莉·曼兹一节。P246）。

现在，南娜的事务所由其长女丹尼继承。丹尼从 1995 年就开始给南娜帮忙，而在南娜去世后，事务所的主要工作是管理南娜留下的作品。据丹尼说，南娜不仅是一流的设计师，也是一位温柔的母亲。从南娜的作品中，可以隐约感受到优雅和她作为母亲的温柔。

14 上图是 2001 年，南娜 78 岁时通过格塔玛发布的蒙迪尔沙发（MONDIAL SOFA）。2003 年，南娜迎来 80 岁生日时，发布了光纤椅子（OPTICAL CHAIR）椅子。

正在围着城市长椅讨论的南娜·迪策尔（图中央）

扇形椅（上）
特立尼达椅（左）

13 城市长椅

◉ 南娜 · 迪策尔　年谱

年	年龄	
1923		出生于哥本哈根（10月6日），三姐妹中的老幺。
1942—1943	19—20岁	在理查德学校学做家具匠师。
1943—1946	20—23岁	在哥本哈根美术工艺学校学习。
1944	21岁	第一次参加匠师协会展，与乔根·迪策尔共同设计作品。
1945	22岁	在匠师协会展上获二等奖。 在丹麦皇家艺术学院旁听凯尔·柯林特的课。
1946	23岁	与乔根·迪策尔结婚，一起成立设计事务所。
1947	24岁	在家具、纺织品、玻璃制品、陶器、珐琅制品和金属饰品等多项比赛中获奖。
1950	27岁	获金匠协会比赛一等奖。 在匠师协会展上获奖（安乐椅、藤椅等）。长女丹尼出生。
1951	28岁	获米兰三年展银奖。
1953	30岁	赴罗马调研旅行。
1954	31岁	出版书籍《丹麦椅子》（Danish Chair）。获米兰三年展银奖。 双胞胎姐妹露露和维塔出生。
1956	33岁	获第6届伦宁奖。
1957	34岁	赴希腊调研旅行（用伦宁奖奖金）。获米兰三年展银奖。
1959	36岁	赴墨西哥、美国调研旅行（用伦宁奖奖金）。发布蛋形吊椅。
1960	37岁	获米兰三年展金奖（乔治·杰生银手镯）。
1961	38岁	乔根·迪策尔去世（享年40岁）。
1962	39岁	发布 Trissen 系列（—1963年）。 在世界各地（伦敦、纽约、柏林、维也纳等）举办个展（—1965年）。
1968	45岁	与库尔特·海德再婚，移居伦敦。
1970	47岁	与库尔特·海德共同成立 Interspace 公司。 向 Domus-Danica、乔治·杰生、Flexform 等提供设计。
1981	58岁	出任伦敦设计与工业协会会长。 参加 S·E（匠师秋季展）（此后一直参加到1996年）。
1985	62岁	库尔特·海德去世（享年65岁）。
1986	63岁	回到哥本哈根，在斯楚格街附近设立设计事务所兼住宅。
1990	67岁	获"第一届旭川国际家具设计大赛（IFDA）"金奖（双人长椅）。
1993	70岁	通过腓特烈西亚家具发布特立尼达系列。
1994	71岁	通过乔治·杰生发布手镯、耳环、腕表。
1995	72岁	被丹麦王室授予丹内布罗格勋章。
1996	73岁	被英国王室选为名誉王室御用设计师。
1997	74岁	通过 GH Form 发布城市长椅。 获丹麦国家银行基金会名誉基金，在该银行大厅举办展览。
1998	75岁	享受丹麦文化部终身艺术家退休金。
2005	81岁	去世（6月17日）。

除了前面介绍的9位设计师以外，黄金期还有很多活跃的家具设计师。这里选择其中格外令人印象深刻的8位加以介绍。

划时代的"皇家系统"壁架单元
保罗·卡多维乌斯
（ PoulCadovius 1911—2011 ）

1 皇家系统
使用柚木。

保罗·卡多维乌斯的著名作品是兼具功能与美观的"皇家系统（Royal System）"壁架单元[1]。卡多维乌斯原本是给自行车座和椅子包裹面料的工匠，后来也开始设计家具。

因为产业结构变化，人口集中到城市。城市居民要面对一个共同的问题，那就是有效利用小公寓的有限空间。也是因为有这样的社会背景，所以凯尔·柯林特和伯格·摩根森才会对一般家庭的生活用品种类、尺寸和数量进行彻底的调查，从而设计出能够高效收纳的橱柜。

卡多维乌斯也为解决这一问题做出了努力。1948年，他设计了"皇家系统"壁架单元。"皇家系统"可以将共通的框架随意组合，并可以拆卸，即使住在高层，也可以现场组装，因此在城市地区广泛普及。因为将装饰品或书籍摆在上面很美观，让居住空间变得时髦而有魅力，所以它被当时的市民接受。卡多维乌斯通过开发"皇家系统"获得了大量的专利。

1967 年，卡多维乌斯凭借"皇家系统"的成功，收购了丹麦家具制造商弗朗斯父子，后更名为卡多（Cado），一直经营到 20 世纪 70 年代中期。卡多维乌斯还设计了运用镶嵌工艺的棋桌，使用当时还是新材料的铝制成的咖啡桌，都通过卡多发布。

皇家系统（柚木）

隐藏的名作"AX 椅"

彼得·维特与
奥拉·莫嘉德·尼尔森
（Peter Hvidt & Orla Mølgaard-Nielsen 1916—1986，1907—1993）

　　彼得·维特和奥拉·莫嘉德·尼尔森是活跃于 20 世纪 40 年代中期到 70 年代中期的著名设计师组合。彼得·维特从哥本哈根美术工艺学校毕业，换过几家设计事务所后，于 1942 年成立了自己的设

扶手椅（1955 年）

餐椅（索堡·莫布勒，1956 年）

2 AX 椅
弗里茨·汉森最早出口的椅子
（左图）。AX 椅会议模式（中
图）。零件装箱发货，在当地组
装（右图）。

计事务所。

奥拉·莫嘉德·尼尔森则是先在日德兰半岛北部城市奥尔堡的技术学校学习，后就读哥本哈根美术工艺学校，学习家具设计。1931 年到 1934 年，他就读丹麦皇家艺术学院家具系，在凯尔·柯林特的教导下进一步深入学习家具设计的知识。从哥本哈根美术工艺学校毕业后去读丹麦皇家艺术学院，当时丹麦很多学习家具设计的设计师都是如此。

两人于 1944 年一起成立事务所，共同设计了无数家具，一直到 1975 年维特退居二线。维特从 1942 年到 1945 年在哥本哈根美术工艺学校任教，致力于培养新人。

他们最广为人知的代表作，是设计于 1947 年的 AX 椅 [2]。第二次世界大战后，丹麦将家具出口作为获取外汇的重要手段。AX 椅便是大量出口到美国等国家的椅子之一。

这把组合式的椅子可以在拆解的状态下装箱，用船运到目的地，然后在当地组装，从而大幅削减运输成本。其结构是用成型胶合板制成的椅座、椅背和 4 根横梁，将两侧框架连在一起。一般而言，

组合式椅子的螺丝等五金件往往露在外面，但是AX椅通过巧妙的设计，将五金件隐藏了起来，可以说完成度非常高。

框架部分由前后椅脚和椅座、椅背的连接处以及扶手构成，采用成型胶合板一体成型。框架上设有用于嵌入椅座和椅背的槽。前后椅脚有用桃花心木实木削成的夹芯。这种成型方法是受了网球拍的启发，兼顾强度与美感，可见从 1950 年开始量产AX椅的弗里茨·汉森的技术实力。该椅堪称丹麦现代家具隐藏的名作。

J. L. 莫勒创始人

尼尔斯·奥拓·莫勒

（ Niels Otto Møller 1920—1982 ）

尼尔斯·奥拓·莫勒于 1939 年结束家具匠学徒生涯后，在故乡奥胡斯的设计学校学习设计。毕业之后，他于 1944 年在奥胡斯设立了小规模的家具工厂 J. L. 莫勒家具工房。那时候，传统样式的家具的需求还比较多，工房最早就生产传统家具。后来，莫勒开始设计适应时代的现代家具，逐步增加现代家具的数量。莫勒既是家具匠师，又是家具设计师。他在重视手工艺的同时，也一直在思考怎样的家具设计才能在自己工厂高效生产。

1952 年，工房开始向德国和美国出口家具。这些家具使用柚木、玫瑰木等高档木材，样式美如雕塑，在海外也很受欢迎。为了应对增加的需求，

玫瑰木桌子（ 20 世纪 60 年代 ）

黄金期的设计师和建筑师

3 Model-75
莫勒的椅子连接处基本上都带有弧度。

4 Model-78

1961 年，莫勒在奥胡斯郊外建了新厂。从 1974 年前后开始，工房开始向日本出口家具，发展成国际化的家具工厂。1981 年，J. L. 莫勒家具工房作为融合传统手工艺与现代设备的典范，受到丹麦家具工业协会的表彰。

莫勒一面是工厂的老板，负责经营，一面又是设计师，创造出简约、有机、优雅的家具。他的代表作有"Model-71"（1951 年）、"Model-75"（1954 年）[3]、"Model-78"（1962 年）[4]、"Model-79"（1966 年）等。莫勒于 1982 年去世后，他的儿子约根和延

斯（1994年去世）继承了工房。之后，约根和他的
儿子迈克尔一起，继续制造尼尔斯设计的家具。

曾任《Mobilia》杂志编辑的女性设计师
格蕾特·雅尔克
（Grete Jalk 1920—2006）

　　格蕾特·雅尔克从女子美术学校毕业后，先是
学习成为家具匠师，然后就读凯尔·柯林特任教的
丹麦皇家艺术学院家具系。从学院毕业后，1946年，
她在匠师协会展的设计比赛中获奖，作为家具设计
师崭露头角。此后，她仍继续参加匠师协会展，与
雅各布·凯尔、J.H.约翰森[5]等合作发布作品。

　　从1950年到1960年，她在母校女子美术学校
致力于培养新人。同时，她于1954年开办设计事
务所，向弗里茨·汉森、弗朗斯父子等制造商提
供设计。从1956年到1962年，以及从1968年到
1974年，她担任设计杂志《mobilia》[6]的编辑，向
丹麦乃至全世界传递丹麦现代设计的最新信息。

　　雅尔克设计的家具作品颇
多。她的设计并不标新立异，
而是注重功能，适合量产。其
中广为人知的代表作，当数弓
背椅[7]。这款椅子由复杂的成
型胶合板曲面构成，仿佛用纸
折成的一般。这个创意从1955
年前后就有了，但是到家具匠

5　J.H. 约翰森
　　J.H. Johansens。

6　《mobilia》第12期（1956年
　　12月）封面。

7　GJ 弓背椅
　　GJ Bow Chair。

三人沙发（弗朗斯父子制作）

8 兰格制作

Lange Production 2006 年由亨里克·兰格创立。

木制安乐椅

9 法拉普

Faarup Møbelfabrik 20 世纪 50—60 年代制作了伊布·考福德·拉森设计的大量家具。其中型号 FA66 尤其著名。创立于 1922 年。

10 克里斯滕森与拉森

Christense & Larsen 还制作过乔根·霍夫尔斯科夫（Jørgen Høvelskov）的竖琴椅（Harp Chair）等。

师保罗·杰普森实现它，大约用了 8 年时间。1963 年，雅尔克用这把椅子参加了英国《每日邮报》国际家具设计比赛，成功地获得了一等奖。该椅还被纽约现代艺术博物馆列为永久藏品。但是，因为曲面复杂，加工困难，当时仅制造了大约 300 把。

1987 年，雅尔克退出设计一线，开始编辑匠师协会展的 4 册图鉴《丹麦家具 40 年》。加上《mobilia》的编辑工作，向后世介绍丹麦家具设计的功绩也应该给予高度评价。

雅尔克留下的作品近年也重新得到肯定。丹麦品牌兰格制作（Lange Production）[8] 复刻生产了 GJ 弓背椅、咖啡桌。此外，弗朗斯父子量产的型号也在古董家具市场上流通。

英国女王伊丽莎白二世也买他的椅子
伊布·考福德·拉森
（Ib Kofod-Larsen 1921—2003）

伊布·考福德·拉森在丹麦被德国纳粹占领的 1944 年结束家具匠学徒生涯，然后在丹麦皇家艺术学院学习建筑。拉森也有设计才能，因为在 Holmegaard 举办的玻璃制品比赛以及匠师协会展的设计比赛中获奖，有了一定的名气。

以此为契机，拉森开始了他的设计师生涯，为丹麦家具制造商法拉普[9]设计优雅的玫瑰木橱柜。1950 年，他和克里斯滕森与拉森家具工房[10]联手，在匠师协会展上发布了木制安乐椅。这便是后来大获成功的企鹅椅的原型。他大胆地使用了当时还很新鲜的成型胶合板技术。1953 年，美国家具制造商 Selig 将该椅的椅脚改为钢棍并发售[11]，赢得了美国人的喜爱。椅背独特的形状让人联想到企鹅，后来又增加餐椅、休闲椅、摇椅等不同版本。

在 1956 年的匠师协会展上，拉森发布了由克里斯滕森与拉森制作的安乐椅。该椅还有一个昵称，叫作"伊丽莎白椅"[12]。这个昵称的由来是，1958 年英国女王伊丽莎白二世访问丹麦，一眼看中并购买了这款椅子。可以说，这款椅子的优雅气质，完全配得上这个高贵的昵称。

企鹅椅

11 2012 年起，由丹麦家具制造商 Brdr. Petersen 复刻。

12 伊丽莎白椅

1962 年，拉森发布了为英国家具制造商"E Gomme"旗下品牌 G 计划（G-Plan）设计的家具系列[13]。该系列包括椅子、沙发、书桌、餐具柜、隔扇等，除了英国，也出口到其他国家，都很受欢迎，现在已经成为古董家具，仍在交易。

13 E Gomme 1898 年在英国高威科姆（温莎椅的最大生产地）创立。1962 年推出 G 计划家具品牌。

柜子
玫瑰木，西巴斯特家具制作

餐椅

14 波维克
　Bovirke 也制作了许多芬·尤尔设计的家具。

15 西巴斯特家具
　Sibast Furniture 从 20 世纪 50年代起和阿恩·沃戈尔合作过许多家具。

师从芬·尤尔

阿恩·沃戈尔

（Arne Vodder 1926—2009）

　　阿恩·沃戈尔是个多面手。他的工作涉及家具设计、建筑、室内设计。阿恩·沃戈尔曾跟随芬·尤尔学习家具设计和室内设计，1950 年他和建筑师安东·博格（Anton Borg）共同成立事务所。他和博格一起承接了许多廉价住宅设计和商业设施室内设计工作，同时也为弗朗斯父子、卡多、波维克[14]、西巴斯特家具[15]等设计家具。

　　沃戈尔尤其擅长设计使用玫瑰木、柚木等高档木材的书房办公桌、橱柜等，他的作品兼具功能和美观，作为古董家具，近年在日本也很受欢迎。他设计的一部分安乐椅、餐椅，椅座仿佛悬在空中，橱柜的抽屉五彩缤纷，从中不难看出他的恩师芬·尤尔对他的影响。

实践凯尔·柯林特的教导

凯·克里斯蒂安森

（Kai Kristiansen 1929—）

　　凯·克里斯蒂安森于 1950 年前后结束家具匠学徒生涯，然后就读丹麦皇家艺术学院家具系，跟随柯尔·柯林特学习家具设计。1955 年从学院毕业后，他在哥本哈根开办了设计事务所。他按照柯林特的教导，设计了许多追求实用性的家具。

　　其代表性的系列作品是名为 FM 书架系统（FM

柜子（玫瑰木）

Reolsystem）[16] 的壁架单元。该墙面收纳系统于 1957
年由菲尔德·巴莱斯家具厂 [17] 发布，它的设计允许
居住在城市较狭小公寓里的人们高效地利用墙面。
随着电视的普及，凯·克里斯蒂安森还开发了与电
机柜配套的款型，其落落大方的质感，将陈列其上
的餐具和装饰品衬托得更美。

凯·克里斯蒂安森的椅子代表作，是 1956 年
在休乌·安德森家具厂 [18] 制作的 Z 形椅（42 号）[19]。
从侧面看，Z 形椅从扶手到椅座的线条像是字母 Z，
因此得名。椅背可以围绕着旋转轴略微倾斜，贴合
背部，从而适应人坐在上面的姿势。因为采用了短
扶手设计，所以在吃饭或起身时不会构成妨碍。如
此贴心的椅背和扶手，令人不必正襟危坐，可以很
好地放松。

绝版的 Z 形椅依然很受欢迎，市面上的古董商品
也很多。现在，该椅已经由日本的制造商复刻生产 [20]。

从 1966 年到 1970 年，凯·克里斯蒂安森还参
与策划斯堪的纳维亚家具展，竭力促进丹麦家具行
业的发展。

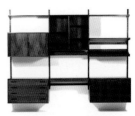

16 FM 书架系统
FM ReolsystemReol 在丹麦语
中是书架的意思。

17 菲尔德巴莱斯家具厂
Feldballes Møbelfabrik 位于奥
胡斯，20 世纪 50—60 年代制
作了凯·克里斯蒂安森设计的
大量家具。

18 休乌·安德森家具厂
Schou Andersen Møbelfabrik
1919 年成立。2019 年迎来成
立 100 周年。

19 Z 形椅

20 Z 形椅由宫崎椅子制作所（德
岛）复刻生产。

PK11（保罗·克耶霍尔姆）的扶手和椅脚的连接处（参见 P144）

第三章

CHAPTER

4

第四章

设计师背后的
家具制造商和匠师

—

**丹麦名作家具的诞生，离不开能工巧匠和拥有
高超技术实力的制造商**

—

本章将介绍在黄金期为家具设计师、建筑师的活动提供
支持的家具制造商和匠师。

主要家具制造商与设计师、建筑师之间的关系 [关系图]

主要家具制造商	主要设计师、建筑师	主要家具制造商
■ 家具匠师工房	■ 活跃于黄金期的设计师	■ 家具工厂
□ 新品牌	□ 现役设计师	

主要家具制造商

Ⓐ A.J. 艾弗森工房

Ⓑ 约翰尼斯·汉森工房

Ⓒ 尼尔斯·沃戈尔工房

Ⓓ 雅各布·凯尔工房

Ⓔ 鲁德·拉斯穆森工房

Ⓕ PP莫布勒

Ⓠ HAY

Ⓡ muuto

Ⓢ &Tradition

主要设计师、建筑师

① 凯尔·柯林特
② 阿恩·雅各布森
③ 奥尔·温谢尔
④ 奥尔拉·莫嘉德·尼尔森
⑤ 保罗·卡多维亚斯
⑥ 芬·尤尔
⑦ 伯格·摩根森
⑧ 汉斯·维纳
⑨ 彼得·维特
⑩ 尼尔斯·奥拓·莫勒
⑪ 格蕾特·雅尔克
⑫ 伊布·考福德·拉森
⑬ 南娜·迪策尔
⑭ 阿恩·沃戈尔
⑮ 维纳·潘顿
⑯ 保罗·克耶霍尔姆
⑰ 托马斯·西斯歌德
⑱ 卡斯帕·萨尔托
⑲ 托马斯·班德森
⑳ 塞西莉·曼兹
㉑ 古德蒙杜尔·卢德维克
㉒ 熙·韦林

主要家具制造商

Ⓖ 弗里茨·汉森
Ⓗ 科德·克里斯滕森
Ⓘ 腓特烈西亚家具
Ⓙ 卡尔·汉森父子
Ⓚ 格塔玛
Ⓛ 弗朗斯父子
Ⓜ 卡多
Ⓝ J. L. 莫勒家具工房
Ⓞ Onecollection
Ⓟ 蒙塔纳

用图表表示设计师、建筑师和第四章介绍的主要家具制造商之间的关系（作品的制造、销售等）。

＊家具制造许可证的转移：由于制造商歇业、倒闭等原因，家具制造许可证转移到（转让等）其他制造商的情形。

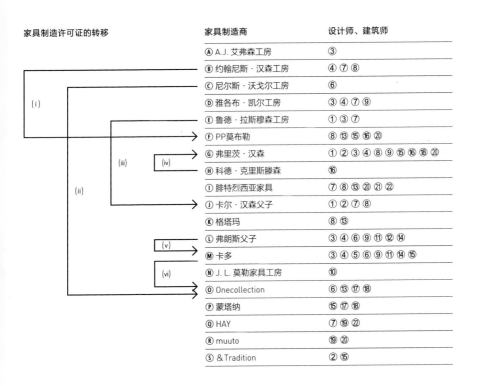

家具制造许可证的转移	家具制造商	设计师、建筑师
	Ⓐ A.J. 艾弗森工房	③
	Ⓑ 约翰尼斯·汉森工房	④ ⑦ ⑧
	Ⓒ 尼尔斯·沃戈尔工房	⑥
	Ⓓ 雅各布·凯尔工房	③ ④ ⑦ ⑨
	Ⓔ 鲁德·拉斯穆森工房	① ③ ⑦
	Ⓕ PP莫布勒	⑧ ⑬ ⑮ ⑯ ⑳
	Ⓖ 弗里茨·汉森	① ② ③ ④ ⑧ ⑨ ⑮ ⑯ ⑱ ⑳
	Ⓗ 科德·克里斯滕森	⑯
	Ⓘ 腓特烈西亚家具	⑦ ⑧ ⑬ ⑳ ㉑ ㉒
	Ⓙ 卡尔·汉森父子	① ② ⑦ ⑧
	Ⓚ 格塔玛	⑧ ⑬
	Ⓛ 弗朗斯父子	③ ④ ⑥ ⑨ ⑪ ⑫ ⑭
	Ⓜ 卡多	③ ④ ⑤ ⑥ ⑨ ⑪ ⑭ ⑮
	Ⓝ J. L. 莫勒家具工房	⑩
	Ⓞ Onecollection	⑥ ⑬ ⑰ ⑱
	Ⓟ 蒙塔纳	⑮ ⑰ ⑱
	Ⓠ HAY	⑦ ⑲ ㉒
	Ⓡ muuto	⑲ ⑳
	Ⓢ &Tradition	② ⑮

(i) 1991年：汉斯·维纳（孔雀椅、圆椅）等

(ii) 经由伊凡·施莱赫特工房、尼尔斯·罗斯·安纳森工房，2001年以后：芬·尤尔（45号椅）等

(iii) 2011年：凯尔·柯林特（红椅、游猎椅）、奥尔·温谢尔（鸟嚎椅）等

(iv) 20世纪80年代初：保罗·克耶霍尔姆（PK9、PK11、PK20、PK22、PK24等）

(v) 1966年：芬·尤尔（外交官系列）、格蕾特·雅尔克（休闲椅）等

(vi) 2001年以后：芬·尤尔（法国椅、日本系列）等。

＊有时不是因为制造商歇业，而是各种其他原因导致家具制造许可证转移。
例如，维纳·潘顿的两款椅子的许可证从Ⓖ弗里茨·汉森转移到Ⓟ蒙塔纳（2003年，趣伏里椅；2013年，单身汉椅）。

家具制造商分两类。
小规模的家具工房和批量生产的家具工厂

丹麦的家具制造商的形态大致可以分两类。一类形态是由家具匠师（Cabinetmaker）经营的家具工房，制作木制家具，重视传统手工艺。规模大的二三十人，规模小的不到十个人。

1554 年，家具匠师协会在哥本哈根成立。对照日本的历史，家具匠师的群体在室町时代末期就已经存在，可以说是一个属于传统工艺的职业了。

另一类形态，是利用现代化机器进行高效率批量生产的家具制造商，即家具工厂。与欧洲大国相比，丹麦的工业化发展较为缓慢。进入 20 世纪 30 年代以后，真正意义上的家具工厂才开始投入生产。丹麦量产家具制造商的特征是，在利用机器的同时，依然尊重传统的工匠精神。

下面，我将就这两种形态分别详细解说。

PP 莫布勒工房的工作情景
（拍摄于 2019 年 3 月）

1) 由家具匠师经营的家具工房

因为有师徒制度的基础,
传统的家具制造工艺得以传承

家具匠师在丹麦语中叫作 Snedker。第二章也介绍过,丹麦有木工师徒制度。通过师徒制度学习木工技术,通过家具匠师协会学习经营工房所需的知识,这样的培养体系,可以让匠师两方面的能力得到均衡发展。有师徒制度作为基础,家具匠师的传统家具工艺得以传承。在哥本哈根等城市地区,一些家具工房聘请技艺精湛的匠师,主要面向贵族等富裕阶层制造家具,设计方面则向英法的流行趋势看齐。

地方上的家具工房则会制造各种各样的木制品,包括当地居民生活所需的家具杂货,甚至棺材。传统的家具工房经营品类多,产量小,这样的规模更能满足顾客的细致要求。

以前,丹麦没有肥沃的土地,不适于发展农业,对丹麦人而言,加工业是重要的产业。加上北欧人特有的寡言、勤勉的性格,经过多年积累,发展起了高超的木工技术。

家具匠师高超的木工技术,与家具设计师、建筑师的创造力,在匠师协会展这个舞台上彼此融合,创造出了无数名作。参加该展览会的有下列78 个家具工房。从 185 页开始,将为您介绍在丹麦家具的历史上发挥巨大作用的家具匠师工房。

⦿ 参加匠师协会展的家具工房

次数	家具工房名	次数	家具工房名
40	A. J. Iversen	6	Børge Bak
40	Anders Svendsen	6	H. M. Birkedal Hansen
40	Henrik Wörts	6	I. P. Mørck
40	Johannes Hansen	5	Holger Larsen & With Nielsen
39	Erhard Rasmussen	5	Knud Willadsen
39	Thorald Madsen	5	Otto Meyer
36	A. Andersen & Bohm	5	Thysen Nielsen
36	Niels Vodder	5	Verner Birksholm
35	Gustav Bertelsen	4	Adolf Jørgensen
35	Peder Pedersen	4	Poul Bachmann
34	N. C. Christoffersen	4	Virum Møbelsnedkeri
32	I. Christiansen	3	Anton Kjær
32	Jacob Kjær	3	E. Jørgensen
29	Ludvig Pontoppidan	3	Georg Carstens
27	Louis G. Thiersen	3	I. C. Groule's Eftf
26	Jørgen Christensen	3	Jørgen Christensen
26	P. Nielsen	3	N. C. Jensen Kjær
25	Willy Beck	3	Preben Birch & Henning Jensen
22	Rud. Rasmussen	2	Bjarne Petersen
21	Axel Albeck	2	J. C. Groule
21	K. Thomsen	2	Paul Jensen
21	Lars Møller	2	V. Bloch- Jørgensen
20	Christensen & Larsen	2	Wegge & Dalberg
18	Knud Juul-Hansen	1	A. Dorner
16	Jørgen Wolf(f Chr. A. Wolff)	1	Birkedal Hansen & Søn
15	C. B. Hansens Etablissement	1	Brdr. H. P. & L. Larsen
14	J. S. Dalberg	1	Carl M. Andersen
13	Moos	1	Chr. Jørgensens Sønner
13	Søren Horn	1	Chr. Wegge
12	Arne Poulsen	1	E. O. Jönsson
12	Nils Boren	1	G. Forslund
11	J. H. Johansens Eftf.	1	Gunnar Forslund
11	Jens Peter Jensen	1	H. C. Winther
11	Lysberg, Hansen & Therp A/S	1	Holger Johannesen & Co.
10	Ove Lander	1	Knud Madsen
9	Fritz Hennigsen	1	Leschly Jacobsen
9	Georg Kofoed		
8	Axel Søllner		
8	Povl Dinesen		
8	Th. Schmidt		
7	Normina A/S		
7	With Nielsen		

* 总数 78，数字为参加次数。

A. J. 艾弗森工房

（A. J. Iversen）

连续 40 年参加匠师协会展，
曾制作奥尔·温谢尔等人设计的家具

  安德烈亚斯·杰普·艾弗森（1888—1979）出生于日德兰半岛南部科灵近郊的小镇桑德比耶特。他的父亲是渔夫。年轻时，他曾和父亲一起出海打鱼，后来对制作家具产生兴趣，就在科灵的家具工房当学徒。后来，为了在家具方面更加精进，他去了哥本哈根，先后在数个家具工房学习。1916 年，他获得木工师傅的资格。他和建筑师卡伊·哥特罗波[1]搭档，在 1925 年的巴黎世博会上展出作品，获得名誉奖。

  始于 1927 年的匠师协会展，艾弗森和卡伊·哥特罗波、奥尔·温谢尔、弗莱明·拉森等家具设计师、建筑师合作参加，连续 40 年从未中断。特别是与奥尔·温谢尔的合作，诞生了埃及凳、扶手椅等大量使用玫瑰木的名作。

  艾弗森从展览初期就积极地与建筑师、设计师合作，因此总是率先尝试新的家具制作工艺。从1951 年到 1961 年，艾弗森担任哥本哈根家具匠师协会的干事，为丹麦现代家具设计的发展做出了巨大的贡献。

1 卡伊·哥特罗波
Kaj Gottlob（1887—1976）。丹麦建筑师。1921 年发布对古希腊时代的椅子重新设计而来的克里斯莫斯椅（制作：弗里茨·汉森）。

受齐本德尔风格影响的扶手椅（奥尔·温谢尔）

扶手椅（奥尔·温谢尔）

约翰尼斯·汉森工房

（Johannes Hansen）

制作了圆椅等汉斯·维纳的多款名作

2 阿格纳·克里斯托夫森
Agner Christoffersen（1907—
1993）。丹麦建筑师，家具设
计师。少年时期做木工学徒，
后来在丹麦皇家艺术学院学习。

3 JH501（圆椅，汉斯·维纳）

JH503、JH501 的座面是皮革的。
下图为扶手的指形接合部分

约翰尼斯·汉森因为在 20 世纪 40 年代初到 60 年代中期制作汉斯·维纳设计的家具而闻名。经维纳学生时代的恩师，奥拉·莫嘉德·尼尔森从中介绍，双方开始了合作关系。在那以前，约翰尼斯·汉森是与阿格纳·克里斯托夫森[2]、恩师尼尔森合作参展。

约翰尼斯·汉森与汉斯·维纳认识的时候，维纳还住在奥胡斯，合作关系受到限制。1947 年，维纳搬家到哥本哈根，白天在自己的母校——哥本哈根美术工艺学校——指导学生，晚上就在约翰尼斯·汉森的工房尝试制作新的创意。他与同一年进入约翰尼斯·汉森工房的尼尔斯·汤姆森的交流日渐深入，二人合作推出了 JH550（孔雀椅）、JH501（圆椅）[3]、JH505（牛角椅）等多款名作。就这样，约翰尼斯·汉森工房的名字变得闻名世界。

约翰尼斯·汉森工房的标志也是维纳亲手设计的。不过据说，工房的老板约翰尼斯·汉森看了为参加 1949 年匠师协会展而制作的 JH501（圆椅）说，这种东西根本没有人会买。他并没有表现出多大兴趣。再看后来 JH501（圆椅）的动向，只能说约翰尼斯·汉森当时看走了眼。

约翰尼斯·汉森工房和维纳的合作关系，随着 1966 年匠师协会展的终结而变得淡薄。虽然后来工房仍然以制造维纳的家具为主，但是丹麦现代家具的衰落，加上无法适应机械化、高效率的家具生产这一时代变化，约翰尼斯·汉森工房于1990年被迫歇业。维纳家具的制造许可证于1991年由PP莫布勒接手，直至今日。

JH713（汉斯·维纳）

尼尔斯·沃戈尔工房
（Niels Vodder）

出色地实现了芬·尤尔的独特设计

尼尔斯·沃戈尔（1892—1982）是芬·尤尔的著名搭档。芬·尤尔的创意独具一格，有时为了追求美感而牺牲了合理性，幸好尼尔斯·沃戈尔富有好奇心，并且有着高超的木工技术，才得以实现芬·尤尔的创意。两人经摩根·沃特伦介绍相识，合作从1937年的匠师协会展开始，一直持续到1959年。

48号椅（芬·尤尔）

在那以前，工房展出过沃戈尔自己设计的过时的客厅套组、摩根·沃特伦设计的哥本哈根椅等。可以说，因为结识芬·尤尔，沃戈尔的技术能力得到了最大限度的发挥。鹈鹕椅、诗人沙发等以柔和的线条为亮点的软垫沙发系列，拥有雕塑般的细节之美的45号、53号椅等，因为制作了这些椅子，沃戈尔成了丹麦现代家具的著名工匠，直到现在，他的地位也没有动摇。

尼尔斯·沃戈尔工房关闭后，芬·尤尔作品

45 号椅（芬・尤尔）

4 伊方・施莱特工房
Ivan Schlechter。

5 尼尔斯・罗・安德森工房
Niels Roth Andersen。

雅各布・凯尔

6 FN 椅
也被称为 UN 椅。

7 阿克顿・比约恩
Acton Bjørn（1910—1992）。

8 蒂格・赫瓦斯
Tyge Hvass（1885—1963）。

的制造由伊方・施莱特工房[4]、尼尔斯・罗・安德森工房[5]等接手。2001 年以后，芬・尤尔的许多作品都由 Onecollection 制造。芬・尤尔的作品，即使是同一型号，不同的制造商在制作时也会有细节上的不同。其中，尼尔斯・沃戈尔工房的产品作为古董，仍然很受欢迎，在拍卖会上的交易价格很高。

雅各布・凯尔工房
（Jacob Kjær）

既是家具匠师，又是家具设计师，两方面都获得很高评价

雅各布・凯尔（1896—1957）既是一流的家具匠师，又是著名的家具设计师。他跟随父亲学习家具匠师的手艺后，留学法国、德国，继续提高技术。

作为家具设计师，他于 1949 年为纽约的联合国大厦设计的 FN 椅[6]尤为著名。除此以外，他还重新设计了英国的齐本德尔式椅子，也设计了功能性的橱柜、餐桌，其设计品位与凯尔・柯林特相通。在匠师协会展上，他曾与奥拉・莫嘉德・尼尔森、弗莱明・拉森、阿克顿・比约恩[7]、蒂格・赫瓦斯[8]、阿克塞尔・本德・麦森[9]、伯格・摩根森、格雷特・雅尔克、奥尔・温谢尔等多位家具设计师合作，同时也展出了许多自己设计的作品。

作为师傅，他致力于培养家具匠师，从他的工

房里走出了威廉·拉森[10]等优秀匠师。无论是作为家具匠师，还是作为家具设计师，他都为丹麦现代家具设计的发展做出了贡献，受到很高的评价。

玫瑰木桌（雅各布·凯尔）

9 阿克塞尔·本德·麦森
  Aksel Bender Madsen（1916—2000）。

10 威廉·拉森
  William Larsen 执掌克里斯滕森·拉森公司（Christensen & Larsen）。该公司制作了伊丽莎白椅、竖琴椅（乔尔根·霍夫尔斯科夫）等。参见 P175。

鲁德·拉斯穆森工房
（Rud. Rasmussen）

正统派家具工房，
曾制作凯尔·柯林特的红椅

　　鲁德·拉斯穆森工房因制造凯尔·柯林特、摩根斯·科赫等人的家具而著名。该工房由家具匠师鲁道夫·拉斯穆森（Rudolph Rasmussen，1838—1904）于 1869 年创办。地址原来在丹麦王室的宫殿附近，1875 年遭遇火灾，后搬至邻近哥本哈根中心的诺雷布罗地区的诺雷布罗大街 45 号。

　　该工房自创办以来，在家具制作的过程中一直贯彻手工制作和工匠精神。除凯尔·柯林特和摩根斯·科赫以外，该工房也赢得了伯格·摩根森、奥尔·温谢尔的信赖。可以说，在以柯林特为中心的丹麦现代家具设计中，鲁德·拉斯穆森工房持续多年支持着正统派的家具制作。代表作品有柯林特的红椅、福堡椅、游猎椅，摩根斯·科赫的 MK 椅等。

　　创始人鲁道夫去世后，该工房的经营由拉斯穆森家族继承。即使在丹麦家具步入衰退期，支撑黄金期的许多家具工房纷纷倒闭的情况下，鲁

红椅和福堡椅（参见 P61）同为鲁德·拉斯穆森工房的代表作品

鲁德·拉斯穆森工房入口。拍摄于2015年秋。后来，这里的工房关闭，并入卡尔·汉森父子的工厂

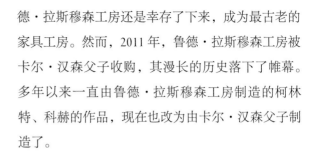

德·拉斯穆森工房还是幸存了下来，成为最古老的家具工房。然而，2011年，鲁德·拉斯穆森工房被卡尔·汉森父子收购，其漫长的历史落下了帷幕。多年以来一直由鲁德·拉斯穆森工房制造的柯林特、科赫的作品，现在也改为由卡尔·汉森父子制造了。

PP 莫布勒

（PP Møble）

创始人埃杰纳尔·彼得森是汉斯·维纳的知音

　　PP 莫布勒因为制造汉斯·维纳的家具而闻名世界。该工房始创于1953年，最初由创始人之一，埃杰纳尔·彼得森（Ejnar Pedersen，1923—）在哥本哈根郊外的阿勒勒[11]市建立。

PP 莫布勒工房外观

　　创始人埃杰纳尔和赖斯·彼得森兄弟出生于瓦埃勒市。该市位于日德兰半岛中东部，面朝峡湾。兄弟二人都从年轻时就开始学习成为家具匠师。后来埃杰纳尔另立门户，最早是和他师傅索伦·维德森的儿子克努德·维拉德森一起开办工房，但是两人的关系并没有持久。于是，埃杰纳尔叫来弟弟赖斯，在阿勒勒建立了工房。

　　创业之初，工房经历了一段艰难的时期，白天进行工房的建筑施工，晚上在租来的工房里制作家具。但是，当时丹麦家具行业一派繁荣景象，不久，该工房就拿到了波维克公司[12]和 AP Stolen

11 阿勒勒
　　Allerød 位于哥本哈根以北，乘电车约40分钟。弗里茨·汉森总部也在此地。

12 波维克
　　Bovirke 20世纪40年代至60年代之间制作了大量芬·尤尔、阿恩·沃戈尔等的家具。

公司的订单。当时，波维克公司正在制造芬·尤尔的家具，AP Stolen 公司则在制造汉斯·维纳的安乐椅。进入 20 世纪 60 年代后，该工房与维纳的合作更为正式，1969 年推出了由维纳设计的 PP 莫布勒原创产品，PP201 和 PP203[13]。

即便在 20 世纪 70 年代以后的丹麦现代家具设计衰退期，该工房仍在积极地扩建，加大对机械设备的投资，成功地扩大了事业规模。70 年代中期，该工房接管了 Salesco 成员，安德烈亚斯·塔克公司的制造许可证，又于 1991 年从约翰尼斯·汉森工房接管了维纳设计的多个家具系列的许可证[14]。就这样，该工房因为制造维纳的家具而闻名世界。这对埃杰纳尔·彼得森而言，无疑是求之不得的礼物。

13 PP203

不拘泥于手工制作，
推进机械化而不失品质

在黄金期大量存在的家具作坊纷纷倒闭的环境中，为什么 PP 莫布勒能够幸存下来呢？因为埃杰纳尔·彼得森和汉斯·维纳有一个共识：只要不降低品质，就应该积极地推进机械化。两人都是技艺精湛的家具匠师，但却没有拘泥于手工制作，而是懂得灵活变通，抓住了工匠精神的本质。引进机械能够提高效率的部分，就机械化制作，机械难以实现的手工的部分，就交给工房的匠师。就这样，该工房在没有降低品质的前提下，转型成了一个符合时代要求的家具工房。

14 从约翰尼斯·汉森工房接手的孔雀椅（PP550）（上图）和圆椅（下图）。

15 PK15

PP 莫布勒工房里的家具部件

1979 年推出的保罗·克耶霍尔姆的 PK15[15] 中使用了压缩木材，由此可以看出该工房始终关注新技术、新材料的态度。2001 年引进的由计算机控制的数控机床，大大改变了 PP 莫布勒的生产方式。

后来世代交替，埃杰纳尔·彼得森从管理层引退，但是据说，他总时不时地去该工房查看工人们的工作。

不参与价格竞争，坚持品质第一

现在，第二代的索伦·霍尔斯特·彼得森担任总裁，第三代的卡斯珀尔·霍尔斯特·彼得森也参与管理。卡斯珀尔曾在鲁德·拉斯穆森工房学习，后来在商学院学习管理，对家具制作和商业运作都很精通。

提及今后 PP 莫布勒的发展方向，他说："我们今后也不会参与价格竞争，始终把产品质量放在第一位。"可见他对产品质量十分自信。PP 莫布勒绝不会先决定价格，然后根据价格来调整产品的质量，而是始终坚持品质第一。这样的理念，只有具备 PP 莫布勒这样品牌号召力的工房才能贯彻。

基于这一理念，PP 莫布勒制作的很多家具都价格高昂，但是却可以使用多年，如果想要转手卖掉，也很容易找到买家。当然，还可以对它们进行修理、翻新。因为 PP 莫布勒的家具可以使用很多年，不会在短期内废弃，所以可以说它还很环保。

我问他："今后会不会考虑制造除维纳以外的设计师设计的作品？"他回答说："如果设计水平和维纳一样，甚至更高，我们当然愿意考虑。"为了保持 PP 莫布勒品牌的竞争力，不但要重视质量，设计也要经得起时间的考验。

　　如今，鲁德·拉斯穆森工房已经关闭，PP 莫布勒成了传承传统家具制造源流的硕果仅存的一家。在丹麦，近年来家具制造的工业化程度越来越高。在这样的环境中，希望 PP 莫布勒今后仍能始终坚持把质量放在第一位。

在 PP 莫布勒制作家具多年的著名匠师亨利·菲斯克（Henry Fisker）和作者（左）。2016 年 11 月拍摄于 PP 莫布勒工房

PP 莫布勒工房工作的情形。研磨作业（上图），用纸绳编座面（下图）

2）家具工厂的家具生产

一边推进机械化，
一边生产高品质的量产家具

一边是以传统手工艺为中心、由家具匠师主导的家具作坊，另一边则是利用机械进行高效率批量生产的家具工厂。18世纪下半叶发端于英国的工业革命的浪潮，在进入19世纪以后传播到了法国、比利时、德国等欧洲各国，进而传播到美国，之后又传播到了意大利、俄国、日本等国家。传播到丹麦，是19世纪下半叶到20世纪初的时候。

当时，欧洲各国的市场上都充斥着工业化带来的粗制滥造的产品。但是在丹麦，以传统手工艺为主的工匠精神深入人心，并没有急剧地转向工业化。一直到20世纪70年代前后，由家具匠师主导的家具制造行业依然兴盛。其结果就是，在黄金期，无数的名作家具自匠师协会展诞生。

到了20世纪上半叶，由于第一次世界大战带来的战争特需，在丹麦也有一部分家具工房转向了机械化批量生产。进行曲木加工时要使用蒸汽，制作成型胶合板

时要使用压力机，这些都需要大规模的设备投资。引进了这些设备的家具工房，因为具备了批量生产的能力，于是变成了家具工厂。

通过与家具设计师、建筑师的合作，家具工厂制造的家具不仅质量过关，设计也很出色。与家具匠师制作的价格高昂的手工家具相比，家具工厂的产品价格低廉，因此逐渐被丹麦的普通人家和海外市场广泛接受。

由家具匠师主导的家具制作衰退后，家具工厂成为丹麦家具制造业的主流。从下一页开始，将介绍几家丹麦主要的家具工厂。

弗里茨·汉森工厂的工作情形
（1930 年前后）

16　弗里茨·汉森
　　出生于洛兰岛（西兰岛南侧）
　　西部城镇纳克斯考。

17　第一椅
　　First Chair（1878 年）。

18　马丁·尼罗普
　　Martin Nyrop（1849—1921）。
　　丹麦建筑师。他设计了 1905 年
　　竣工的哥本哈根市政厅。

19　市政厅椅
　　Town Hall Chair（1905 年）。

20　国会议事堂使用的椅子
　　（1918 年）。

>> 家具工厂

弗里茨·汉森

（Fritz Hansen）

制作阿恩·雅各布森的七号椅，
创立 140 多年的老牌工厂

　　家具匠师弗里茨·汉森[16] 于 1872 年取得制造许可证，标志着弗里茨·汉森公司历史的开始。19 世纪 80 年代后期，弗里茨·汉森在哥本哈根的克里斯蒂安港开设家具工房。创立之初，该工房擅长利用木工车床加工椅腿以及装饰部件，也制作简单的成型胶合板椅子（第一椅[17] 等）。进入 20 世纪，哥本哈根市政厅建设之际，弗里茨·汉森制作了由建筑师马丁·尼罗普[18] 设计的市政厅椅[19]。1918 年制作了国会议事堂（已迁至克里斯蒂安堡宫）使用的椅子[20]。

　　1932 年，弗里茨·汉森推出的丹椅[21] 大受欢迎，该工房一跃成为代表丹麦的量产家具制造商。可以说，丹椅对汉森家族而言，是值得纪念的一把椅子。因为，这把椅子由创始人弗里茨·汉森的孙子索伦·汉森设计，而其中用到的利用蒸汽出口弯曲山毛榉的加工技术，则是由弗里茨·汉森的儿子克里斯蒂安·E. 汉森引进的。在同一时期，索伦还设计了运用成型胶合板的针线盒。

1934 年，弗里茨·汉森制造阿恩·雅各布森的早期作品贝尔维尤椅（Bellevue Chair）；1936 年，制造凯尔·柯林特的教堂椅，正式开始和建筑师、家具设计师合作。在 20 世纪 40 年代，弗里茨·汉森制造了汉斯·维纳的中国椅（China Chair）、彼得·维特和奥拉·莫嘉德·尼尔森的 AX 椅等被写入丹麦现代家具设计史的家具。

21　丹椅
　　Dan Chair（1932）。

20 世纪 50 年代以后接连推出阿恩·雅各布森的椅子名作

20 世纪 50 年代，弗里茨·汉森正式与阿恩·雅各布森合作，接连推出了一系列雅各布森的作品：1952 年的蚂蚁椅（Ant Chair），1953 年的圆凳（Dot Stool），1955 年的蛋椅（Egg Chair）、水滴椅（Drop Chair），1959 年的壶椅（Pot Chair）、长颈鹿椅（Giraffe Chair）。另外，埃特纳·拉森和阿克塞尔·本德·马德森的会议椅 22，维纳的心形椅 23，潘顿的趣伏里椅（Tivoli Chair）、单身汉椅 24 也是在这一时期推出的。20 世纪 50 年代的弗里茨·汉森可谓黄金期的宠儿。

22　会议椅
　　Conference Chair（1952 年）。

到了 20 世纪 60 年代，弗里茨·汉森扩建了阿勒勒的工厂，进一步强化了生产体制。与雅各布森的合作也在继续，相继推出了 1962 年的牛津椅（Oxford Chair）、圣凯瑟琳斯休闲椅（St Catherines Lounge Chair），1968 年的八号椅等。八号椅还有一个著名的昵称——Lily。

23　心形椅
　　Heart Chair（1953 年）。

然而，到了 20 世纪 70 年代，丹麦现代家具设计进入了衰退期。弗里茨·汉森所擅长的创新性的

24　单身汉椅
　　Bachelor Chair（1956 年）。

25 汉斯·山格林·雅各布森
Hans Sandgren Jakobsen
（1963—）。

26 维柯·马吉斯特
Vico Magistretti（1920—
2006）。

27 哈米·艾扬
Jaime Hayon（1974—）。

28 皮耶罗·利索尼
Piero Lissoni（1956—）。

29 杰斯＋劳布
Markus Jehs + Jürgen Laub
（1965—，1964—）。

30 绀野弘通
Konno Hiromichi（1972—）。

31 佐藤大
Sato Oki（1977—）。

卡斯帕·萨尔托设计的小朋友
（Little Friend）咖啡桌

塞西莉·曼兹设计的渺小椅
（Minuscule Chair）

新产品越来越少，业绩不断下滑。为了打破这个局面，汉森家族把管理权交给斯堪的那维亚烟草集团，通过大规模投资和重组渡过了难关。

20 世纪 80 年代初，弗里茨·汉森收购了科德·克里斯滕森（Kold Christensen）旗下保罗·克耶霍尔姆家具系列的大部分许可证。于是，弗里茨·汉森品牌形象的两大招牌聚齐了。

20 世纪 90 年代以后与丰富多彩的年轻设计师合作

1999 年，弗里茨·汉森在总部所在地阿勒勒旁边的 Vassingerød 设立了新工厂，加强了蚂蚁椅、七号椅等成型胶合板椅子的生产。无人叉车在工厂里来回行驶，机器人喷漆的场面犹如科幻电影中的一幕。进入 20 世纪 90 年代后，弗里茨·汉森推出了由丹麦年轻设计师汉斯·山格林·雅各布森[25]、意大利设计师维柯·马吉斯特[26]等人的作品，开始摸索新的方向。

2000 年，弗里茨·汉森推出了新的品牌名称，弗里茨·汉森共和国（Republic of Fritz Hansen），与丹麦的卡斯帕·萨尔托（Kasper Salto）、塞西莉·曼兹，西班牙的哈米·艾扬[27]，意大利的皮耶罗·利索尼[28]，德国的杰斯＋劳布[29]，日本的绀野弘通[30]、佐藤大[31]（Nendo）等不同背景的设计师共同开发新产品，逐步树立起更加国际化的品牌形象。

这股国际化的浪潮没有局限于设计

领域，还波及了制造领域。2012年，弗里茨·汉森将大部分制造业务转移到荷兰，大幅削减了丹麦国内的制造规模。背后的原因是丹麦国内的人工费用上涨。

近年，弗里茨·汉森的品牌策略包含了两条路线：一是主打阿恩·雅各布森、保罗·科耶霍尔姆等丹麦现代设计黄金期设计师作品的经典路线，二是2000年以后的全球化路线。2019年，品牌名称又重新改为Fritz Hansen（弗里茨·汉森），并设计了新的商标。作为代表丹麦的家具制造商，弗里茨·汉森今后会采取怎样的战略，全世界都在拭目以待。

腓特烈西亚家具

（Fredericia）

由伯根·摩根森和南娜·迪策尔组成的强大阵容

腓特烈西亚家具因制造伯格·摩根森、南娜·迪策尔等设计师设计的家具而著名。总部在连接日德兰半岛和菲英岛的著名交通要塞——腓特烈西亚市的郊外。

腓特烈西亚制椅厂的代表产品——西班牙椅（伯格·摩根森）

腓特烈西亚家具由企业家 N.P. 朗斯[32] 于1911年创立（公司名称为腓特烈西亚制椅厂），因为 N.P. 朗斯经营有方，生产的椅子质量优异，很快便为大众所知。从1910年到1983年在腓特烈西亚举办的国际家具展销会，想必也促进了这家位于丹麦地方城市的小家具厂的发展。

创业初期，该工厂主要以英国传统家具风格为

西班牙椅的部件

32 N.P. 朗斯
N. P. Ravnsø（未知—1936）。

范本，制造椅子和沙发。到了 20 世纪 30 年代，工厂取得索耐特（德国）曲木椅子的制造许可证，成为丹麦唯一一家持有该许可证的企业，一举扩大了事业规模。然而，1936 年创始人 N.P. 朗斯去世，再加上第二次世界大战后经济萧条的影响，腓特烈西亚制椅厂的经营状况逐渐恶化。

该工厂一度濒临破产的边缘。不过，1955 年，安德烈亚斯·格雷沃森（Andreas Graversen）从 N.P. 朗斯的遗属手中收购了工厂。同时，通过委托伯格·摩根森负责设计工作，该工厂恢复了业绩。据说，最初收到格雷沃森的合作请求时，摩根森还有些不情愿。格雷沃森迫切需要摩根森的帮助，最终说服了摩根森。格雷沃森整顿了生产体制，可以用机械高效地生产摩根森设计的家具。

33 第一号沙发

接连生产伯格·摩根森设计的高档沙发

摩根森设计的 "Model 201" 于 1955 年推出，成为新生腓特烈西亚制椅厂的象征。Model 201 并没有像传统沙发那样整体包裹，而是将坐垫摆放在框架上。可以说，这种设计不受流行的左右，与现在的生活方式也很相宜。2014 年，为了纪念摩根森诞辰 100 周年，腓特烈西亚家具复刻了该款沙发，并将其命名为 "第一号沙发"[33]。

34 椅子 3236

1956 年，腓特烈西亚制椅厂推出了椅子 3236[34] 和长凳 3171[35]。这两款家具的原型源于摩根森在 FDB 时代为普通消费者的设计，这次经过重新设计，加入了些许奢侈元素。1962 年推出的沙发 2213[36] 给人以高级、闲适之感。这些都是摩根森在

35 长凳 3171

36 沙发 2213

FDB 时代没有机会实现的高档家具。1968 年，摩根森为格雷沃森设计私人住宅，室内陈设了摩根森设计的家具。由此可见双方的关系之深。

然而，1972 年摩根森去世，格雷沃森失去了最重要的伙伴。格雷沃森与伯格·摩根森的合作就此结束，而伯格·摩根森留下的尚未实现的创意，则由其长子彼得·摩根森继续完成。格雷沃森从制造伯格·摩根森其他作品的 P. 劳瑞森父子[37] 手中收购了制造许可证，进一步扩充了伯格·摩根森设计的产品阵容。

37 P. 劳瑞森父子
P. Lauritzen & Søn。

因生产南娜·迪策尔设计的椅子而大获成功。现在积极与年轻设计师进行合作

失去了摩根森后的腓特烈西亚制椅厂，20 世纪 80 年代开始与丹麦设计师索伦·霍尔斯特[38]、南娜·迪策尔合作。负责与南娜·迪策尔接洽的，是安德烈亚斯·格雷沃森的儿子托马斯·格雷沃森。作为其成果，南娜·迪策尔的代表作之一，贝壳椅[39]于 1993 年完成。贝壳椅是一款休闲、美观的堆叠椅，座面和背板均由成型胶合板制成，上面设计了呈放射状分布的细长的缝隙，通过引进由计算机控制的数控机床而得以实现。

贝壳椅成功后，安德烈亚斯·格雷沃森的儿子托马斯子承父业，于 1995 年出任总裁，公司名称也改为腓特烈西亚家具。与南娜·迪策尔的合作一直持续到她去世，推出的作品包括日德兰半岛中部城市比隆机场的长椅等。1998 年，汉斯·山格

38 索伦·霍尔斯特
Søren Holst（1947—）。

39 贝壳椅
Trinidad Chair。

威灵与卢德维克作品 Pato Stool-

40 托马斯·佩德森
　 Thomas Pedersen（1980—）。

41 阿尔弗雷多·黑贝利
　 Alfredo Haberli（1964—）。
　 出生于阿根廷的布宜诺斯艾
　 利斯。

42 安积伸
　 Azumi Shin（1965—）。

43 贾斯伯·莫里森
　 Jasper Morrison（1959—）。

卡尔·汉森父子的代表椅子 CH24
（Y形椅）及其背面贴的标签

林·雅各布森设计的画廊凳发布，让人预感到一个
新的时代将要来临。

　　2000 年以后，腓特烈西亚家具开始积极地与
在国际上活跃的海外设计师合作，其中包括托马
斯·佩德森[40]、西塞莉·曼兹、威灵 & 卢德维克等
年轻设计师，还有瑞士的阿尔弗雷多·黑贝利[41]、
日本的安积伸[42]、英国的贾斯伯·莫里森[43]等。另
一方面，腓特烈西亚家具也像弗里茨·汉森一样，
零部件的生产不仅放在丹麦国内的工厂，也在波
兰、爱沙尼亚的海外工厂进行，而腓特烈西亚家具
的总部工厂则主要进行组装和包装作业。

　　现在，腓特烈西亚家具仍以生产伯格·摩根
森等设计师的经典作品为主，但是在 2000 年以后，
该公司也在努力扩充全球化的产品阵容，想必今后
将会继续扩充，值得期待。

卡尔·汉森父子
（Carl Hansen & Søn）

兼顾手工艺与机械化生产效率

　　1908 年 10 月 28 日，木工师傅卡尔·汉森[44]在
菲英岛最大的城市欧登塞设立了一个小小的家具工
房（创业时的公司名称为卡尔·汉森）。创业之初，
该工房主要制造在饭厅、卧室使用的维多利亚风格
的定制家具。

　　得益于第一次世界大战带来的战争特需，卡
尔·汉森于 1915 年设立了新工厂，并引进了机械。

由此，一家兼顾木工师傅的手工艺与机械化生产效率的家具制造商诞生了。为了提高在首都哥本哈根的销量，1924年，卡尔·汉森与销售代理商帕勒·尼尔森签约，将哥本哈根的销售工作交给后者。当时的招牌商品是卧室家具，结果成功地获得了大量订单，销量进一步扩大。

然而，受20世纪30年代前期暴发的大萧条影响，丹麦的家具产业也停滞不前，创始人卡尔·汉森的身体垮了。于是，1934年，卡尔的次子霍尔格·汉森参与经营，这一年，他还只有23岁。霍尔格和父亲一样，拥有木工师傅的资格。他凭借着年轻的优势，以及与生俱来的挑战精神，成功地渡过了这一困难局面。他们也开始参加在腓特烈西亚举办的国际家具展销会，除了国内市场，出口也不断扩大。有记录显示，当时，除家具，该工房也生产缝纫箱等产品。这一时期，还和家具匠师兼家具设计师弗里茨·汉森合作，推出了传世椅（Heritage Chair）等多款作品。

霍尔格·汉森在第二次世界大战期间的1943年正式出任共同经营者，公司更名为卡尔·汉森父子[45]。第二次世界大战期间，丹麦被德军占领，不过因为丹麦在德军开始进攻之后不到6小时就投降了，所以没有遭受轰炸等造成的巨大损失，战争期间许多家具制造商仍在继续生产。但是，因为战争期间物资短缺，难以制造沙发等软垫家具，卡尔·汉森父子当时主要制造弗里茨·汉森设计的温莎椅等产品[46]。

44 卡尔·汉森
Carl Hansen（1881—1959）。他在欧登塞的家具匠师手下当学徒，取得匠师资格（Meister）。在哥本哈根的几家家具工房工作过以后，他回到欧登塞创立工房。2002年出任总裁的克鲁德·埃里克·汉森（Knud Erik Hansen）是他的孙子。

45 卡尔·汉森父子
Carl Hansen & Søn 丹麦语的 Søn 即英语 Son，意思是"儿子"。也就是说公司由父子共同经营，弗朗斯父子也是基于同样的理由命名。

Windsorstol（no. 18）tegnet af snedkermester Fritz Henningsen

Carl Hansen & Søn, Møbelfabrik
ODENSE

46 刊登于《DANSK KUNSTHAANDVÆRK》1952年1月刊上的卡尔·汉森父子的广告。用的是由弗里茨·汉森设计的温莎椅 CH18 的照片。CH18 一直到 2003 年还在销售。

刊登于《BYGGE OG BO》1952年春季刊封底的卡尔·汉森父子广告。左上为CH24（Y形椅）。其他按顺时针顺序依次为CH23、CH22、CH27、CH25

47 CH24（Y形椅）
Y形椅的后腿从某个角度看是立体的，实际却是平面的，与立体形状相比，机械加工的效率更高。

汉斯·维纳成为设计搭档。推出以机械化生产为前提的CH24（Y形椅）等

跨越了两次世界大战，正在摸索将来发展新方向的霍尔格·汉森，向当时负责销售的科德·克里斯滕森推荐了新的搭档，汉斯·维纳。霍尔格在哥本哈根的家具店看到维纳设计的家具，便决定将设计工作委托给他。收到霍尔格的邀请之后，维纳于1949年来到欧登塞，了解工厂的规模和设备，一住就是3周。

这一时期设计的CH22、CH23、CH24（Y形椅）[47]、CH25以及橱柜CH304等在1950年一齐推出。这些产品以机械化批量生产为前提，与其他厂家制造的维纳家具相比，价格更低，普通人家也完全承受得起，因此很有吸引力。

1951年，由科德·克里斯滕森牵头，成立了专门销售维纳设计家具的组织"Salesco"。卡尔·汉森父子加盟该组织，销量进一步提高。

1958年，卡尔·汉森父子迎来创立50周年，已经拥有50多名员工。也是在这一时期，对外出口大幅增长，产品主要销往美国。1959年，创始人卡尔·汉森去世。3年后的1962年，霍尔格·汉森因心脏病发作去世。这对父子自创业以来执掌经营半个世纪。短短3年时间里失去了两个经营者，卡尔·汉森父子迎来了巨大危机。

卡尔·汉森父子由此转型为股份制公司，之前担任会计的尤尔·纽戈德出任董事长。霍尔格的妻子埃拉·汉森（Ella Hansen）出任董事，参与经营。1988年，纽戈德死后，霍尔格的长子，拥有木工师傅资格的约尔根·格纳·汉森（Jørgen Gerner Hansen，创始人卡尔·汉森的孙子）继承了事业。他扩大了Y形椅的生产规模，为事业的发展不遗余力。

收购鲁德·拉斯穆森工房，产品阵容包括了柯林特的椅子等

霍格尔的次子克鲁德·埃里克·汉森有在各种海外企业的经验，更有国际意识，他于2002年出任首席执行官，开始打造卡尔·汉森父子的新时代。上任以后，克鲁德在欧登塞郊外设立了新工厂，并引进现代化设备，在继承和发扬传统手工艺的同时，运用由计算机控制的数控机床，打造了效率更高的家具生产体制。

2011年，卡尔·汉森父子收购了有丹麦最早家具工房之称的鲁德·拉斯穆森工房，产品阵容包括了由凯尔·柯林特、摩根斯·科赫设计的黄金期作品[48]。2013年，卡尔·汉森父子又开始生产代表日本的近代建筑师安藤忠雄设计的休闲椅等产品。

2013年以后，卡尔·汉森父子先后在哥本哈根、纽约、旧金山、东京、大阪、伦敦、米兰、斯德哥尔摩、奥斯陆等城市开设旗舰店，加强在世界

48 从鲁德·拉斯穆森工房处接手，卡尔·汉森父子制作的椅子。（上图）奥尔·温谢尔的OW124（Beak Chair）、（下图）摩根斯·科赫的MK99200（MK折叠椅）。

世纪 2000 系列的标志

主要城市的品牌营销。此外，卡尔·汉森父子也在致力于对已经绝版的椅子进行复刻。

格塔玛
（Getama）

创立之初发挥临海优势，
制作以海草为填充物的沙发和白日床

格塔玛因为制作由汉斯·维纳设计的沙发和白日床而著名。自 1899 年创立以来，总部就设在日德兰半岛北部小镇盖斯泰德（Gedsted）。盖斯泰德地处利姆水道沿岸，因此可以很容易地获得生长在浅滩上的海草。创始人卡尔·佩德森[49]利用这种海草，开发出了比以往产品更舒适的床垫。在那以前，床垫都是用麦秆或一种叫作石楠的植物做的。

卡尔·佩德森原本是家具匠师，因为床垫事业的成功赚到了第一桶金，他以此为资金创办了家具工房，制造与床垫配套的床，从而进一步提高了销量。

1925 年，卡尔·佩德森去世，两个工厂分别由他的儿子弗兰克和奥格继承。两人一直保持着合作关系，渡过了 20 世纪 30 年代的大萧条。第二次世界大战之后，到了 20 世纪 50 年代，一个巨大的转机来临了。这一转机，是加盟专门销售维纳设计家具的组织 Salesco 带来的。

49 卡尔·佩德森
Carl Pedersen（未知—1925）。

汉斯·维纳设计的夏克桌（Shaker Table），可扩展型。格塔玛虽然主要生产椅子和沙发，但也制作桌子

加入 Salesco，将汉斯·维纳家具出口海外

因为得到机会制造维纳设计的沙发和白日床，他们的生意不再局限于国内，也通过 Salesco 出口海外。自创立以来，他们一直在使用 Gedsted Tang og Madrasfabrik（盖斯泰德海草与床垫工厂）作为公司名称，现在需要换一个能够在国际上通用的名称。于是，1953 年，他们将原公司名称的首字母连起来，改为 Getama（格塔玛）这一新名称。

50 GE240

格塔玛进一步加深了与维纳的合作关系，20 世纪 50 年代推出了 GE240[50]、GE290[51]，至今这些仍是他们的招牌商品。20 世纪 60 年代格塔玛又推出了皮面摇椅 GE673[52] 等风格独特的作品。1968 年维纳离开 Salesco 以后，仍与格塔玛保持着合作关系。从 20 世纪 70 年代到 80 年代，丹麦现代家具设计行业进入衰退期，但格塔玛仍在推出维纳的新作。

51 GE290

1993 年，维纳退休后，格塔玛与南娜·迪策尔结成合作关系，推出沙发等产品。1999 年，维纳为将在第二年迎来创立 100 周年的格塔玛设计了世纪 2000 系列[53]。可以说，是双方持续多年的友好关系，让退休后维纳的新作得以实现。

52 摇椅 GE673

近年，格塔玛还与丹麦的建筑设计事务所 Friis& Moltke、设计事务所 Blum &Balle、O & M Design 等合作，似乎正在寻找新的方向。

53 世纪 2000 系列三人沙发。已经退休的维纳特别为迎来创立 100 周年的格塔玛而设计。

弗朗斯父子
(France & Søn)

制造床垫起家，
产品有奥尔·温谢尔等设计的椅子

　　弗朗斯父子曾经是丹麦家具黄金期的重要家具制造商。其产品质量之高是公认的，但是如今已不复存在。弗朗斯父子也因为和奥尔·温谢尔、芬·尤尔等著名设计师合作而著名，现在在古董家具市场上仍然很受欢迎。

　　1930 年前后，丹麦人埃里克·达沃科森[54] 在哥本哈根郊外的布雷德（Brede）设立床垫工厂"拉玛（Lama）"，由此开始了弗朗斯父子的历史。达沃科森年轻时曾留学英国，并在那里认识了查尔斯·弗朗斯[55]，很多年以来，达沃科森一直想和查尔斯·弗朗斯一起创业。

　　1936 年，达沃科森从英国请来查尔斯·弗朗斯，打算和他一起经营床垫工厂。然而，达沃科森不幸患病，于第二年去世，年仅 37 岁。弗朗斯继承了达沃科森的遗志，床垫工厂的销量不断上升，短短数年时间，拉玛就发展到了有约 130 名员工。

　　1940 年 4 月 9 日，丹麦被德国占领，事态突变。持有英国国籍的查尔斯·弗朗斯于 5 月 7 日被强制送往敌国德国，只能在收容所生活。直到 1944 年 8 月，他才被释放，回到英国。再回丹麦，已经是第二年 8 月。拉玛在第二次世界大战期间仍在继续运转，乘着马歇尔计划带来的战后复兴的势头，数年

54 埃里克·达沃科森
Eric Daverkosen（1900—1937）。

55 查尔斯·弗朗斯
Charles France（1897—1972）。

后发展成了代表丹麦的床垫制造商。

发挥床垫制造技术，生产沙发等软垫家具

第二次世界大战期间，查尔斯·弗朗斯一直在思考如何发挥拉玛的床垫制造技术，那就是制造沙发、安乐椅等软垫家具。1948 年，在床垫工厂的一角制造的第一批家具产品登上了拉玛的产品目录。然后，从拉玛独立出来的新家具厂"弗朗斯与达沃科森公司（France & Daverkosen）"成立了。

后来，家具的木制框架放到根措夫特[56]的专门工厂制造，1952 年又在希勒勒[57]建设新工厂，正式投身于家具生产。该工厂拥有当时最先进的设备，但是还需要能够发挥出设备优势的设计。

于是，弗朗斯委托当时活跃的家具设计师提供以机械化批量生产为前提的设计。正值丹麦现代家具设计的黄金期，奥尔·温谢尔、格蕾特·雅尔克、彼得·维特和奥拉·莫嘉德·尼尔森、芬·尤尔、阿恩·沃戈尔等著名设计师都名列其中。

推出芬·尤尔设计的
使用柚木材料的量产家具

当时，以芬·尤尔为首，丹麦的一部分家具设计师喜欢使用柚木材料。但是，柚木含有大量的天然树脂成分，会使刀具变钝，因此一直被认为不适合用作量产家具的材料。直到有了可以耐受柚木材料的碳化钨超硬合金锯刃，使用柚木制造量产家具才成为可能。

56 根措夫特（Gentofte）
位于哥本哈根北部郊外的城镇。

57 希勒勒（Hillerød）
距离哥本哈根 30 多千米的城市。

奥尔·温谢尔设计的摇椅

格蕾特·雅尔克设计的沙发

彼得·维特和奥拉·莫嘉德·尼尔森设计的沙发

芬·尤尔设计的安乐椅（FD138）

58 黑桃椅（FD133）

奥尔·温谢尔设计的安乐椅。可以看到用于连接框架的螺丝

由于这种锯刃的出现，芬·尤尔设计的黑桃椅（FD133）[58] 于 1953 年推出，是第一款使用柚木材料的量产家具（也有资料显示是 1954 年推出的）。当时，柚木多从泰国进口。据说弗朗斯父子购买了大量柚木，囤积在工厂里。

组装式家具获好评，成为丹麦最大的家具制造商

1957 年，查尔斯·弗朗斯将床垫工厂的经营权交给埃里克·达沃科森的遗孀英格，专心经营家具工厂。此时，他让儿子詹姆斯参与经营，并将公司更名为"弗朗斯父子（France & Søn）"。

弗朗斯父子制造的家具都是机械制造的量产家具，但都是由著名设计师所设计的，个性十足，给人的感觉一点都不像量产家具。由此可见弗朗斯父子对品质的高要求。

此外，为了降低运输成本，弗朗斯父子的家具大多采用组装式设计。传统的家具工房将使用五金件视为某种禁忌，而将需要高超木工技术的接合方式视为高档家具的证明。弗朗斯父子的家具可以用螺丝等五金件轻松组装，因此可以在拆分的状态下运输。在丹麦家具受到海外关注的黄金期，这一战略大获成功，以美国为中心，弗朗斯父子的销量不断增长。

弗朗斯父子的业务也扩展到了查尔斯·弗朗斯的故乡英国。1960 年，在伦敦的高档品牌街邦德街上开设了产品陈列室。在高档百货店哈洛德，也通

过销售本公司产品，提高了其作为丹麦高档家具制造商的品牌形象。这些推广活动取得了成功，因此弗朗斯父子需要增加产能，以应对海外订单。竞争对手弗里茨·汉森的工厂就设在旁边的城市，弗朗斯便以优厚的待遇从那里把工人拉拢过来，人数一度达到 350 人，成为丹麦最大的家具制造商。

柚木家具人气衰退，销量下降。
1966 年被收购

弗朗斯父子一直维持着良好的增长势头，直到进军伦敦之后，才逐渐开始显露颓势。到了 20 世纪 60 年代，堪称弗朗斯父子代名词的柚木材料的流通量锐减，难以采购到，再加上消费者开始厌倦柚木家具，这些给弗朗斯父子的销量造成了巨大打击。

弗朗斯父子曾尝试从柚木改为玫瑰木、花旗松等木材，但是还是难以扭转局面。弗朗斯慢慢失去了对工作的热情，与儿子詹姆斯的关系也不断恶化。

芬·尤尔设计的外交官椅（玫瑰木，制作于 20 世纪 60 年代）

1966 年 11 月，聚集了许多著名设计师，曾经盛极一时的弗朗斯父子被保罗·卡多维乌斯（Poul Cadovius）收购。之后弗朗斯父子这一品牌名称又维持了一段时间，数年后，公司更名为卡多（Cado），弗朗斯父子的历史落下了帷幕。之后卡多的经营又维持了数年时间，最终在丹麦现代家具设计的寒冬——20 世纪 70 年代中期消失了。

59 伊万·汉森
Ivan Hansen（1958—）。

60 亨利克·索伦森
Henrik Sørensen（1961—）。

61 在欧登塞的索伦森母亲家的洗衣房（在地下室）里办公。

62 亨利克·滕格勒
Henrik Tengler（1964—）。

63 主席椅
Chairman Chair。

Onecollection

以外包为主，
1990 年成立的新兴制造商

Onecollection 由伊万·汉森 [59] 和亨利克·索伦森 [60] 于 1990 年创设，是一个比较年轻的家具制造商（创立时公司名称为汉森和索伦森 Hansen & Sørensen）。最早它没有自己的工厂，将制造业务外包给国内外的代工工厂。

最早的办公室在一间小小的地下室里，只有一张桌子和两把椅子 [61]，但是他们有着雄心壮志，要在被活跃于黄金期的设计师占据的丹麦国内家具市场开一个通风口。

创立时，产品只有丹麦设计师索伦·霍尔斯特设计的几款家具和烛台。即便如此，汉森和索伦森还是将这些产品装进一辆时不时熄火的旧面包车，充满热情地进行销售活动。在哥本哈根的贝拉中心（Bella Center）举办的斯堪的纳维亚家具节上，其他家具制造商的展位都很讲究，只有他们的展位成本低廉而奇特，成功地吸引了人们的关注。

最初成功的契机，是结识丹麦年轻设计师亨利克·滕格勒 [62]。1988 年，滕格勒从丹麦设计学院毕业，成为霍尔斯特的同事，他为汉森和索伦森带来了会议椅的创意。这款椅子使用了不锈钢管和木制椅背，令人印象深刻。该椅子被命名为主席椅 [63]，于 1992 年作为产品推出后大受欢迎，成为汉森和索伦森的早期代表作。有了这次成功作为基石，汉森和索伦森于1995年收购了位于日德兰半岛西海岸城市灵克宾的家具制造商的欧拉·阿尔巴克[64]，经营规模进一步扩大。

64 欧拉·阿尔巴克
Orla Albæk。

受芬·尤尔遗孀的委托，
复刻芬·尤尔的沙发

最大的转机突然造访。芬·尤尔的遗孀汉娜·威廉·汉森打来一通电话，询问是否能制作芬·尤尔1957年设计的沙发。当时，她正在策划芬·尤尔逝世10周年纪念展，正在寻找制造商来复刻这款沙发。机会来得突然，汉森和索伦森都很意外，但两人还是接受了这个挑战。他们成功了，汉娜·威廉·汉森对沙发的成品非常满意[65]。

汉森和索伦森由此赢得了汉娜的信任，接着他们又复刻生产了芬·尤尔早期的代表作，鹈鹕椅[66]和诗人沙发[67]，并在2001年的科隆国际家具展展出。汉森和索伦森在这次展览会上赢得了关注。之后，他们继续扩充芬·尤尔设计的产品阵容，并于2007年将公司更名为Onecollection。

公司更名时，芬·尤尔作品还只占营业额的很小一部分。后来，丹麦近代家具设计重新得到肯定，芬·尤尔作品得到的关注度越来越高，营业额也稳步增长。现在，Onecollection因为复刻生产芬·尤尔的家具而广为人知。

65 为纪念芬·尤尔逝世10周年而复刻的57 SOFA（芬·尤尔设计）。

66 鹈鹕椅
芬·尤尔设计。

67 诗人沙发
芬·尤尔设计。

利用数控机床等现代技术，
再现芬·尤尔的漂亮椅子

因为芬·尤尔作品的成功，Onecollection 成为丹麦的家具制造商代表之一，不过，其经营方式与创业之初并没有很大改变，现在依然将制造业务外包给国内外的合作工厂。其中也包括日本国内的工厂[68]。

在黄金期，芬·尤尔的家具由技艺精湛的匠师尼尔斯·沃戈尔打造，现在则用由计算机控制的数控机床等最新的加工设备再现。随着技术的进步和时代的变化，制造方法不同了，但是 Onecollection 用现在的技术让芬·尤尔留下的漂亮家具重获新生，其功绩可以说是伟大的。

20 世纪 50 年代芬·尤尔参与设计的联合国托管理事会会议厅于 2011 年到 2012 年进行了大规模整修。会议厅新采用的联合国椅[69]由卡斯帕·萨尔托和托马斯·西斯歌德设计，其制造商也是 Onecollection。

68 朝日相扶制作所（山形县）受 Onecollection 的委托，制造了联合国托管理事会会议厅用的 260 张椅子。

69 联合国椅

家具迷必看的博物馆

⊙ 丹麦设计博物馆（Designmuseum Danmark）

　　丹麦设计博物馆于 2020 年迎来建馆 130 周年，是足以代表丹麦的跟设计相关的博物馆。该馆以前叫作工艺博物馆（Kunstindustrimuseet），2011 年进行品牌重建，改为现在的名称。该馆与丹麦现代家具设计的历史关系颇深，黄金期的匠师协会展也曾多次在这里举办。该馆有一个专门的椅子展厅，沿着狭长的隧道状的展厅，展示着约 113 把椅子，特别值得一看。20 世纪在丹麦设计的著名椅子几乎都能在这里看到。除此以外，该馆还设有柯林特、雅各布森等人的特别展厅，以及现在活跃的设计师的作品展厅。面对如此丰富的展示内容，家具爱好者可以毫不费力地在这里度过几个小时。该馆位于哥本哈根市中心，交通也很方便。

丹麦设计博物馆

⊙ 乔菲特现代美术馆（TRAPHOLT）

　　现代美术馆于 1988 年在日德兰半岛东南部的科灵建成。展览内容以现代艺术和设计为主，椅子的收藏也是出了名的丰富。美术馆中心部由一道走廊贯穿，左右两侧展厅依次排开，还可以看到利用螺旋状斜面的椅子展示。室外还有雅各布森于 1970 年发表的度假屋（Summer House），观众可以参观其内部。博物馆商店里的商品琳琅满目，在这里买礼物送人也是不错的选择。

⊙ 维纳博物馆 / 岑讷美术馆（Kunstmuseeti Tønder）

　　维纳博物馆本是汉斯·维纳故乡岑讷的一座水塔，后来经过修整，于 1995 年作为岑讷美术馆的一部分，向公众开放。这里展出的许多作品是维纳生前亲自捐赠的，可以一次看个够。每把椅子的上部都附有实际尺寸的图纸复印件，可以一边对照图纸，一边欣赏实物。站在顶楼，可以一览绿意盎然的岑讷街景。

* 参见 P100。

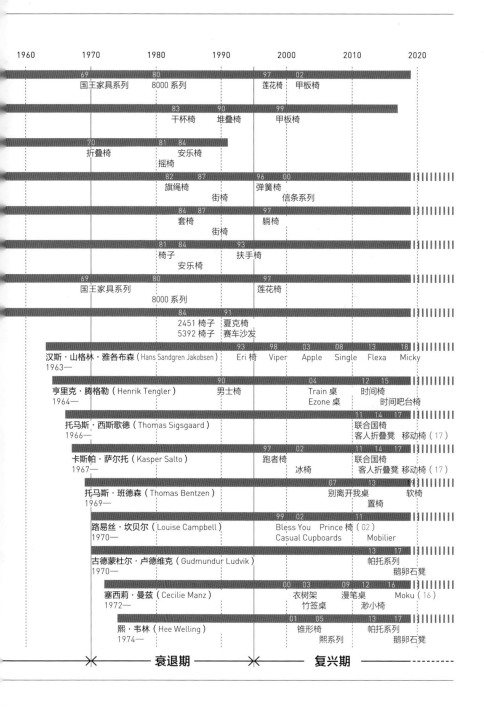

1960　1970　1980　1990　2000　2010　2020

国王家具系列　8000 系列　莲花椅　甲板椅
干杯椅　堆叠椅　甲板椅
折叠椅　安乐椅　摇椅
旗绳椅　弹簧椅　街椅　信条系列
套椅　躺椅　街椅
椅子　扶手椅　安乐椅
国王家具系列　8000 系列　莲花椅
2451 椅子　夏克椅　5392 椅子　赛车沙发

汉斯·山格林·雅各布森（Hans Sandgren Jakobsen）
1963—
Eri 椅　Viper　Apple　Single　Flexa　Micky

亨里克·腾格勒（Henrik Tengler）
1964—
男士椅　Train 桌　Ezone 桌　时间椅　时间吧台椅

托马斯·西斯歌德（Thomas Sigsgaard）
1966—
联合国椅　客人折叠凳　移动椅（17）

卡斯帕·萨尔托（Kasper Salto）
1967—
跑者椅　冰椅　联合国椅　客人折叠凳　移动椅（17）

托马斯·班德森（Thomas Bentzen）
1969—
别离开我桌　软椅　置椅

路易丝·坎贝尔（Louise Campbell）
1970—
Bless You　Prince 椅（02）　Casual Cupboards　Mobilier

古德蒙杜尔·卢德维克（Gudmundur Ludvik）
1970—
帕托系列　鹅卵石凳

塞西莉·曼兹（Cecilie Manz）
1972—
衣树架　竹签桌　漫笔桌　渺小椅　Moku（16）

熙·韦林（Hee Welling）
1974—
锥形椅　熙系列　帕托系列　鹅卵石凳

衰退期　复兴期

现在的丹麦家具设计

219

1）摆脱衰退期的低迷

到了 20 世纪 70 年代，
由家具匠师主导的家具工房走向衰退

上一章讲解了家具工房和家具工厂的区别，并介绍了比较有代表性的制造商。现在，本书介绍过的家具工房几乎都不复存在。1970 年以后，家具工厂成为家具制造行业的主流。

由家具匠师主导的家具工房之所以会走向衰退，原因之一就是在黄金期后期，国内外的订单大量涌入，家具匠师们开始骄傲自满，失掉了长远的经营眼光。

此外，一些投机的奸商也出现了，将粗制滥造的家具当作丹麦制造的家具大肆出售。为了对付这些奸商，1959 年部分制造商制定了丹麦家具制造商品质认证制度[1]。

到了 20 世纪 70 年代，以年轻人为中心的大众文化流行起来，丹麦现代家具的人气锐减，收到的订单数量也越来越少。那情形宛如泡沫经济破灭一般，特别是小规模的家具工房，受到了巨大的打击。再加上师徒制度的衰退，家具匠师后继无人，老字号的家具工房中有一大半被迫停业。

家具工厂也经营困难，
甚至有的被收购

家具工厂也在 20 世纪 70 年代以后一度陷入经营困难。尽管有的制造商，如卡尔·汉森父子，仍

1 丹麦家具制造商品质认证制度（Danish Furniture Makers' Quality Control）。丹麦的一部分制造商设定强度、木材干燥情况等各种标准进行管理的制度。符合标准的家具产品会贴上标签。

然由创始人家族经营，但是弗里茨·汉森和格塔玛却被控股公司收购，不再属于创始人家族。

另外，黄金期的 AP Stolen、Andreas Tuck、Ry莫布勒、Madsen、Soborg møbler、P. 劳瑞森父子（P. Lauritzen & Son）、弗朗斯父子等家具工厂后来都被淘汰，如今已不复存在。当时，由这些工厂制造的汉斯·维纳、伯格·摩根森、芬·尤尔等设计的部分家具，现在由取得制造许可证的 PP 莫布勒、腓特烈西亚家具、Onecollection 等制造。

AP Stolen 制作的熊椅（PaPa Bear Chair, AP19, 汉斯·维纳）

PP 莫布勒制作的泰迪熊椅（PP19, 汉斯·维纳）

衰退期举办新展览会，
出现实验性、概念性的作品

在丹麦现代家具设计的寒冬时代（20 世纪 70 年代到 90 年代中期），新的动向出现了。1966 年是最后一届匠师协会展举办的年份，但是也在这年，斯堪的纳维亚家具展开始了。斯堪的纳维亚家具展是国际性的家具展，作为北欧各国与买家进行商务接洽的场所，后来也不断发展。会场起初设在位于哥本哈根市内贝拉赫（Bellahøj）的贝拉中心（Bella Center），1976 年以后，每年 5 月在新建的贝拉中心举办 [2]。2005 年以后，它更名为哥本哈根国际家具展，一直持续到 2008 年。现在，它已经让位给每年 2 月在瑞典的斯德哥尔摩举办的斯德哥尔摩家具展。

1981 年，匠师秋季展（简称 SE，参见 P163）开始举办。该展参考了家具匠师展，旨在提供家具设计师和家具制作者联手发表新作的场所。展品不

2 1975 年 9 月开业。建于哥本哈根东南部阿迈厄岛的北欧最大规模的会展中心。

再局限于丹麦传统的木制家具，也展出许多使用其他材料的家具。从 20 世纪 90 年代后期开始，每年会设定不同的主题，展出了许多实验性、概念性的作品。

20 世纪 80 年代开始现出第二代设计师，在闭塞感中摸索新方向

20 世纪 80 年代，匠师秋季展开始之初，汉斯·维纳、保罗·科耶霍尔姆、南娜·迪策尔、格蕾特·雅尔克等曾经活跃于黄金期的设计师也有参加。后来，也开始出现新一代设计师。其中比较有代表性的是鲁德·蒂格森[3]、约翰尼·索伦森[4]的设计师组合。

鲁德·蒂格森和约翰尼·索伦森于 1966 年从哥本哈根美术工艺学校一毕业，就共同成立了设计事务所。到 1995 年为止，他们共事了大约 30 年。

早期的代表作有"国王家具系列"[5]。之所以取这个名字，是因为这套家具是为了纪念当时的丹麦国王弗雷德里克九世 70 岁生日。

另外，1980 年马格努斯·奥尔林[6]推出的"8000 系列"，座面与腿部的接合方式是从树枝的根部获得的灵感，很有特点，而且比看上去更加牢固，叠放时的样子也很美观，1989 年获得日本的优秀设计奖。鲁德·蒂格森和约翰尼·索伦森在

3 鲁德·蒂格森
Rud Thygesen（1932—2019）。

4 约翰尼·索伦森
Johnny Sørensen（1944—）。

5 国王家具系列
King's Furniture Series（右图）安乐椅，（左图）咖啡桌。Botium（参见 P234）制作。

整个 20 世纪 90 年代都很活跃，是马格努斯·奥尔林的招牌设计师。

除他们以外，参加匠师秋季展的第二代设计师还有约尔根·加梅尔高、伯恩特[7]、埃里克·克罗格[8]、索伦·霍尔斯特、丹·斯沃斯[9]，以及我留学时最大的恩师罗尔德·斯特恩·汉森等[10]。

这些设计师活动在丹麦家具设计失去往年势头的困难时期。他们彼此切磋琢磨，意欲超越活跃于黄金期的老一辈设计师。然而，世界的关注点转向了意大利家具。也有的设计师开始运用意大利家具那样的缤纷色彩，挑战当时流行的风格。但是，不得不承认的是，这种尝试令前人在黄金期树立起的丹麦家具的特色变得模糊起来。

家具制造商也不像黄金期时那样，已经没有余力承担和家具设计师、建筑师合作开发新作的风险。尽管在衰退期，黄金期的作品仍然保持着稳定的销量，但是当时的情况令制造商很难将利润投资给还是未知数的设计师。

尽管处在这样的闭塞感当中，第二代设计师还是通过参加匠师秋季展等活动，不断摸索新的方向。他们延续了丹麦家具设计之火把，其功绩一定会在今后重新得到认可。

6 马格努斯·奥尔林
Magnus Olesen 1937 年成立的丹麦家具制造商。也制作过伊布·考福德·拉森的椅子等。

7 伯恩特
Bernt（1937—2017）。Bernt Petersen 以"伯恩特（Bernt）"为品牌名活动。（上图）伯恩特作为毕业作品发布的凳子（20世纪 60 年代），（下图）橱柜（20 世纪 70 年代）。

8 埃里克·克罗格
Erik Krogh（1942—）。

9 丹·斯沃斯
Dan Svarth（1942—）。

10 罗尔德·斯特恩·汉森
Roald Steen Hansen（1942—）。上图是成型胶合板悬臂椅。

2）20 世纪 90 年代以后，丹麦家具走向复兴

20 世纪 90 年代以后，丹麦家具设计的关注度提高，在日本被作为北欧设计的核心而广泛介绍

经历了漫长的寒冬，到了 20 世纪 90 年代，丹麦家具重新获得了关注。在日本也举办了许多介绍丹麦家具的展览会，例如，1990 年的"芬·尤尔追悼展"（主办方：芬·尤尔追悼展执行委员会），1991 年到 1992 年的"白夜之国百椅展"（主办方：织田收藏协力会），1995 年的"巨匠汉斯·维纳展——50 年轨迹和 100 把椅子"（主办方：Living Design Center OZONE）。

1996 年，《丹麦椅子》（织田宪嗣，光琳社出版）出版。该书通过照片、讲解、三面图，详细介绍了除当时在日本知名度较高的汉斯·维纳、阿恩·雅各布森、芬·尤尔以外的设计师和建筑师的作品。以家具和室内装饰行业为中心，丹麦家具再次受到关注。

2000 年以后，通过日本的杂志和互联网，"北欧设计"被介绍给大众，不仅是丹麦，北欧各国的现代设计都变得广为人知。其中，丹麦的家具被视为"北欧设计"的核心，不仅是室内装修杂志，普通杂志上也会广泛介绍，成为家具的流派之一。2012 年，为纪念芬·尤尔 100 年诞辰，首尔也举办了展览会，对丹麦家具设计的关注扩大到了韩国、中国。

20 世纪 90 年代后期宜家登场，
丹麦家具市场局面剧变

在丹麦，从 20 世纪 90 年代中期开始，汉斯·山格林·雅各布森、卡斯帕·萨尔托、路易丝·坎贝尔[11]、塞西莉·曼兹等新一代设计师开始崭露头角。但是，在很长一段时间里，年轻设计师活跃的机会都很有限，家具制造商对推出新作也不太积极。

1995 年，在哥本哈根近郊的根措夫特，瑞典综合家具企业宜家（IKEA）的店铺开业，受到没有余力购买高档家具的年轻情侣和学生的欢迎。宜家会在每个季度向各个家庭邮寄免费的产品目录，足不出户就能品评产品，这一商业模式在互联网尚未普及的年代取得了巨大的效果。从邻国瑞典刮来的这阵宜家旋风，无疑对丹麦的家具行业构成了威胁。

20 世纪 90 年代后期的丹麦家具市场大致分成了两极，一边是黄金期设计的高档家具，另一边是以宜家为代表的追求性价比的廉价家具。而两者之间的空缺，尚未得到填补。也就是说，还没有"比低成本家具价格稍高，但品质和设计更好，普通人也能承受的魅力家具"。

HAY 等新品牌陆续设立，
不仅制作家具，也制作生活所需的器具

看到这种情况，创业者们开始设立 normann COPENHAGEN（1999 年设立）、HAY（2002 年设

11 **路易丝·坎贝尔**
Louise Campbell（1970— ）。女性设计师。设计家具、照明器具等。通过路易斯·波普森、HAY 等发布作品。后面介绍的设计师托马斯·班德森曾在路易丝·坎贝尔的设计事务所做助理（参见 P249）。

立）、muuto（2006年设立）等新品牌。这些品牌积极起用年轻设计师，主要制作新颖而又价格合理的家具和照明器具。

这些新品牌和老牌家具制造商很大的区别在于新品牌自设立之初，就将制造业务外包给国内外的工厂。当初，对于丹麦家具行业突然出现的这些新品牌，似乎也有很多人投去怀疑的眼光。

但是，在经营走上正轨之后，这些新品牌开始对生活所需的器具进行综合性的制作。从家具、照明器具，到餐具、厨房用品、文具等生活杂货，之所以能够通过品类繁多的商品阵容，对生活方式提出综合性的建议，是因为他们不必受缚于自有工厂的技术，可以根据不同的产品，灵活地依靠外部工厂的合作。

后来，新品牌通过适应市场需求的灵活的经营手法，稳步地提升销量。现在，它们作为为北欧设计注入新风的新一代品牌，在日本的知名度也不断提高。最重要的是，他们为年轻设计师提供了舞台，为持续多年的闭塞感打开通风口，其功绩应该得到肯定。

托马斯·班德森设计的环绕（Around）咖啡桌，由muuto发售。参见P250

近年，HAY和muuto分别投入老牌家具制造商Herman Miller和Knoll旗下，创始人已经退出经营一线。他们并不是因为经营恶化而被收购，

而是在提升企业价值之后痛快出手，这样的经营姿态也与老牌家具制造商有很大不同。

为控制人工费，
将生产基地转移到东欧等地区

丹麦的老牌家具制造商之一弗里茨·汉森于2012年将主力工厂转移到波兰。现在，除汉斯·维纳的中国椅（FH4283）等部分型号外，家具产品一大半都在波兰的工厂生产。

2019年3月，我到弗里茨·汉森位于哥本哈根郊外阿勒勒的总部访问时，发现以前用于生产的厂房，已经变成了本公司产品的档案馆和仓库。腓特烈西亚家具近年也在波兰、爱沙尼亚的合作工厂进行生产。

将生产基地转移到国外，将零部件的制造业务外包给合作工厂，这一趋势不仅体现在家具行业，近年在其他领域的丹麦企业也经常可以看到。丹麦国内人工费的上涨是其背景因素。

现代家具工厂的工业化程度很高，引进了自动化的生产线，不管在哪个国家或地区都能保持同等的质量。可以说，这也是制造基地从丹麦转移到国外的原因之一。

混合型新品牌登场，同时经营年轻设计师商品和黄金期设计的复刻品

2000年以后丹麦家具设计的另一个倾向，是对黄金期所设计家具的复刻生产。不仅是丹麦的家具制造商，有的国外家具制造商也会取得制造

12 &Tradition
2010 年成立。经营从新锐设计师的作品，到阿恩·雅各布森和弗莱明·拉森设计的沙发、维纳·潘顿设计的照明器具，经营范围极广。

13 Warm Nordic
2018 年由弗朗茨·隆吉（Frantz Longhi）创办。

15 克努德·法齐
Knud Færch（1924—1992）。冰岛裔设计师。

16 斯文德·奥格·霍尔姆－索伦森
Svend Aage Holm-Sørensen（1913—2004）。他做过各种类型的照明设计。上面的台灯是 20 世纪 50 年代的作品，非复刻品。

许可证，进行复刻生产，其数量近年呈增加趋势。日本也有从事复刻生产的企业，例如 Kitani（岐阜县高山市）等。

对复刻生产的看法也会因制造商而异。有的制造商会利用黄金期不存在的计算机控制的数控机床等现代化设备来提高生产效率，也有的制造商在复刻的时候追求使用和黄金期一样的加工方法。尽管思路不同，但他们都有同样的愿望，那就是通过复刻，让现在的消费者感受黄金期所设计家具的妙处。

2010 年以后，&Tradition[12]、Warm Nordic[13] 等混合型新品牌诞生，引起了公众关注。之所以称之为混合型，是因为这些品牌同时经营年轻设计师的商品和黄金期设计的复刻商品。&Tradition 复刻了阿恩·雅各布森、约恩·乌松、维纳·潘顿等的作品。Warm Nordic 复刻了汉斯·奥尔森[14]、克努德·法齐[15]、斯文德·奥格·霍尔姆－索伦森[16] 等活跃于黄金期的设计师作品。如今，复刻生产本身正逐渐成为一种趋势。

14 汉斯·奥尔森
Hans Olsen（1919—1992）。他就读丹麦皇家艺术学院家具系期间，跟随凯尔·柯林特学习。下面的照片为 Frem Røjle 工房制作的餐桌椅（20 世纪 60 年代，非复刻品）。

3）仿制品产业的出现及对策

以翻版、无品牌产品名义销售的仿制品

上一节中介绍的复刻生产都有正规的手续，但是近年出现了未经活跃于黄金期的设计师遗属同意，私自制造、销售仿制品的产业，引发了问题。近年经常可以看到，这些仿制品冠以翻版、无品牌产品的名称，通过互联网等渠道销售。

在日本，2011 年 Y 形椅注册立体商标[17]，2015年，知识产权高等法院做出关于 TRIPP TRAPP（Stokke 公司的儿童椅）著作权保护的判决，仿制品的问题引发了业界讨论。关于这一问题，本节会略作讨论。

设计师和制造商由信任关系联系在一起

如果制造商要生产设计师设计的家具，一般要向设计师支付版权使用费[18]。如果设计师已经去世，则版权使用费合同由其遗属继承，重新进行复刻生产时，也一样要和遗属洽谈，签署版权使用费合同。即使是黄金期设计的作品，也必须遵守这一规则。如果为了制造方便，要对设计的一部分进行改动，也需要征得遗属的同意。

设计师或其遗属和制造商就是由这样的信任关系联系在一起，制造商不能擅自改动设计。在欧盟成员国中，家具的设计是受著作权保护的。在丹麦，作者死后 70 年内，法律禁止其他人私自复刻其设计。

17 立体商标是指以立体形状呈现的商标。例如养乐多的容器、不二家的吉祥物等。关于 Y 形椅，2011 年知识产权高等法院做出判决，准许其注册立体商标。详见《Y 形椅的秘密》（诚文堂新光社，2016 年）。

18 版权使用费（Royalty）是指对专利权、著作权、商标权等知识产权收取的金钱利益。

未经设计师或其遗属同意，
私自制造的劣质仿制品

在日本，为了保护家具等量产品的设计，需要抢先进行图案设计的专利注册，其存续期限规定为自注册起 20 年。因此，黄金期（20 世纪 40 年代到 60 年代）的家具设计难以受法律保护，仿制品得以通过互联网等渠道进行销售。为了让仿制品能够卖得出去，定价必须比正版商品低。即使照片乍看上去和正版商品一样，但是仿制品为了压低制造成本，采用了与正版商品不同的加工方法和材料，这必然会导致质量的下降。

另外，仿制品没有经过设计师或其遗属同意，往往会为了制造方便而在细节上做很多改动。虽然正版商品的制造商会针对这种情况采取对策，但取得的效果有限，难以保护所有设计于黄金期的家具。

在 2015 年知识产权高等裁判所对 TRIPP TRAPP 事件的控诉审理判决中，提到了日本也像丹麦一样通过著作权保护家具设计的可能性。但是，要过渡到和欧洲各国同样的制度，需要解决的问题还有很多，今后的动向引人关注。

黄金期设计的著名家具的价值，
今后也不会轻易地失去

无论是复刻生产，还是仿制品，可以说都是北欧设计流行的副产品。因为黄金期设计的家具重新得到肯定，所以才会出现这样的现象。阿恩・雅各布森曾经说过："买椅子的时候不应该看品牌的名字。谁设计的并没有关系。"但是，黄金期设计的家具却是例外，设计者、年份、型号属于附加价值，对家具制造商而言是非常重要的财产。

黄金期设计的著名家具的价值，今后也不会轻易地失去。如果下一个衰退期到来，则可能跟 20 世纪 70 年代一样，起因于制作者的骄傲自满，或者是使用者不成熟。无论在哪个时代，"制造商持续制造高品质的产品，用户在理解产品价值的基础上长期使用好的产品"都是很重要的。

连接背板和座框的榫头，仿制品（图右）没有榫肩

（左上图）正品 Y 形椅、（左下图）仿制品。仿制品与正品相比，椅背倾斜度稍大，后脚的粗细和半径稍有不同

（图左）正品 Y 形椅的零件、（图右）仿制品的零件。仿制品的椅脚榫眼较大，强度堪忧

4）现在活跃的设计师

　　最后，介绍一下丹麦家具产品的最新动向，这里将提及以下几位现役设计师（组合），是他们引领着现在的丹麦设计。

- 卡斯帕·萨尔托和托马斯·西斯歌德
- 塞西莉·曼兹
- 托马斯·班德森
- 熙·韦林和古德蒙杜尔·卢德维克

　　他们都处在四五十岁，正当壮年，有的设计师服务于老牌家具制造商，也向新品牌提供设计。这里介绍的设计师的活动，对理解近年丹麦家具设计的动向，有很大的参考价值。

跑者椅（卡斯帕·萨尔托）

卡斯帕·萨尔托和
托马斯·西斯歌德
(Kasper Salto 1967—，Thomas Sigsgaard 1966—)

卡斯帕·萨尔托（图右）、托马斯·西斯歌德（图左）

家具设计师和建筑师发挥彼此的专业知识

　　卡斯帕·萨尔托和托马斯·西斯歌德有着不同的背景，一个是家具设计师，另一个是建筑师。他们发挥彼此的专业知识和经验，不仅能够设计家具、照明器具等产品，还擅长室内设计。他们原本都是自由职业的设计师、建筑师，因为合租办公室，从 2003 年前后开始合作。

　　他们的第一个项目是共同设计照明器具。2012年，他们负责纽约联合国总部托管理事会会议厅的翻修工作，一举闻名世界。现在，他们已经是引领丹麦设计界的组合。

卡斯帕·萨尔托是少有的拥有家具匠师经验的现役家具设计师

　　卡斯帕·萨尔托的祖父阿克塞尔·萨尔托是丹麦著名的陶艺家之一。母亲纳雅·萨尔托是纺织品设计师。卡斯帕·萨尔托就是在这样一个充满创造性的环境中出生、长大。

　　萨尔托高中毕业后，花了 3 年时间在木工师傅约根·沃尔夫手下，积累了家具匠师的经验。这在近年的家具设计师中是少有的。之后，萨尔托考入丹麦设计学院，学习工业设计。在学期间，他曾前

19 Botium
　由彼得·斯塔克（Peter Stærk）
　创办。20世纪80年代制造和
　销售鲁德·蒂格森和约翰尼·索
　伦森设计的国王家具系列。

20 跑者椅
　Runner Chair 参见 P232。

21 ID Prize
　创设于1965年的国际设计奖。
　2000年与IG Prize合并为丹
　麦设计奖（The Danish Design
　Prize）。

22 叶
孩子的沙发床。

23 冰椅
ICE Chair。

往瑞士的艺术中心设计学院留学半年，对国际化有了切身的体会。

1994年，萨尔托从丹麦设计学院毕业，开始在鲁德·蒂格森的设计事务所工作。在那里，他认识了Botium[19]的创始人彼得·斯塔克。1997年，Botium发布跑者椅[20]，获得了丹麦的ID Prize[21]及日本的优秀设计奖。萨尔托一举成名。跑者椅在同年的匠师秋季展上亮相，受到弗里茨·汉森设计经理的关注。这便是双方后来达成合作关系的契机。

1998年，萨尔托成立了自己的设计事务所。他一直勤奋地工作，设计了叶[22]（1999年）、Brush Horse（2001年）等实验性的作品，以及应用跑者椅靠背的B2椅（2000年）、Blade椅（2002年）等作品。

卡斯帕·萨尔托代表作冰椅实践了重新设计的丹麦传统

在陆续推出的作品中，由弗里茨·汉森于2002年推出的冰椅[23]，进一步提高了萨尔托作为设计师的知名度。冰椅由铝制的框架和ASA树脂的座面、靠背构成，轻量，耐候性好，在户外也很适用。

椅子靠背上有一道道窄缝，并沿着两侧的框架弯曲，这样的结构延续了继跑者椅之后，当时萨尔托作品的一贯手法。虽然材料变了，设计所用的主题却仍然相同。可以说，这是凯尔·柯林特曾经提倡的"重新设计"这一丹麦传统在现代得以实践的优秀案例。冰椅在海外也被高度评价，在2003年获得法国设计大奖（Le Grand Prix du Design）。日本许多美术馆的咖啡厅都引进了该椅子。

萨尔托和弗里茨·汉森的合作也一直持续，陆续推出了小朋友桌[24]（2005年）、NAP椅[25]（2005年）、PLURALIS桌[26]（2016年）。另外，他还获得了丽斯·阿尔曼名誉奖（2008年）、芬·尤尔奖（2010年）、丹麦设计奖（2010年）、红点奖（2013年）等多个奖项，作为近年代表丹麦设计的设计师之一，他在国际上也受到很高评价。

2003年卡斯帕·萨尔托和托马斯·西斯歌德开始共同设计照片器具等

这对组合中的另一位，托马斯·西斯歌德，父亲是建筑师。他受父亲影响，在丹麦皇家艺术学院学习建筑，毕业后先后在丹麦的PLH建筑师事务所（1995—1998年）、威廉·劳瑞森建筑事务所（1998—2001年）工作，参与设计了许多规模较大的建筑物。2001年，他在哥本哈根的克里斯蒂安港创立了建筑事务所，起初以设计个人住宅为主。2001年到2006年，他曾在面向短期留学生的DIS（Danish International Study program）项目中担任建筑和设计课程的讲师。

卡斯帕·萨尔托的妻子丽克和西斯歌德从小一起长大，两人因此结识，并合租了克里斯蒂安港（哥本哈根南部的运河区域）的办公室。除了建筑，西斯歌德对设计也有着强烈的兴趣，他觉得萨尔托的工作很有趣。两人从2003年前后开始共同参与

24 小朋友桌
LITTLEFRIEND 轻量小巧，可调节高度的多功能桌。

25 NAP 椅

26 PLURALIS 桌
Pluralis 在拉丁语中是"复数"的意思。

27 光年
LIGHTYEARS 2005 年成立的丹麦照明器具品牌。2015 年加入弗里茨·汉森旗下。塞西莉·曼兹设计的"卡拉瓦乔"等也是其著名产品。上图为 NOSY 台灯。

28 潜水钟
Wet Bell。

29 尼莫
NEMO 意大利照明器具品牌。1993 年，由意大利家具品牌卡西纳（Cassina）的老板弗兰科·卡西纳和设计师卡洛·福尔科利尼创办。

30 多汁
JUICY。

项目。2005 年，他们在哥本哈根市中心设立了共同事务所，一边做各自的项目，一边酝酿共同项目的创意。

2007 年，值得纪念的第一件共同作品"NOSY 台灯"，由一家名为光年[27]的丹麦照明器具品牌发布。这款台灯看上去像一个弯曲身体的生物，是对以往建筑事务所常用的台灯（通称建筑师工作灯）进行重新设计的结果。光源使用了 LED，既小巧，又充满趣味。

2009 年，让人联想到 19 世纪潜水装置的潜水钟（Wet Bell）[28]吊灯，由意大利照明器具品牌 NEMO[29]发表。2011 年，利用蜂巢结构的滤光片减轻光源亮度的多汁（JUICY）[30]由光年发布。

负责翻修芬·尤尔设计的联合国总部托管理事会会议厅

起初，萨尔托和西斯歌德的合作主要以设计照明器具为主。2011 年，为纪念芬·尤尔诞辰 100 周年，伴随纽约联合国总部托管理事会会议厅（通称芬·尤尔厅）的翻修，举办了设计比赛。萨尔托和西斯歌德参加了，这成为他们的巨大转机。

以此为契机，两人开始挑战共同设计家具。这次比赛要求既要尊重芬·尤尔的原始设计（20 世纪 50 年代前期），又要加入符合时代的新家具。萨尔托是一个经验丰富的家具设计师，西斯歌德有建筑师的背景，这对组合刚好可以胜任。他们在充分理解芬·尤尔的设计意图的基础上设计家具，成功地赢得了比赛，获得了参加大型项目的机会。

两人沿袭原始设计，设计了可以摆放成马蹄形的拼接组合式会议桌、秘书办公桌及扶手椅。其中最受关注的是秘书用的扶手椅。这款椅子被命名为联合国椅 [31]，它使用了一种特殊成型压缩的胶合板（3D Veneer），形式环保而美观，让人联想到芬·尤尔的早期设计。可以说，这一作品将黄金期的设计理念和现代技术完美地融合在了一起。

以秘书办公桌为中心，会议桌拼在一起呈马蹄形。会议桌配的椅子复刻了芬·尤尔设计的作品（51号）。这些会议桌的桌面上需要安装操作面板，这是原始设计所没有的。据说在布线上颇费了一番工夫。

31 联合国椅
Council Chair 坐在联合国椅上的萨尔托（左）和西斯歌德。

联合国总部托管理事会会议厅

受到全世界的高度评价，
工作内容扩展到室内装饰领域

由于这一大项目的成功，萨尔托和西斯歌德这对组合不仅在丹麦，在世界上也受到了高度评价，他们的工作内容也扩展到了室内装饰领域。由威廉·劳瑞森设计、建于1945年的电台之家大厅的翻修（2014年），以及新嘉士伯财团美术品展示空间的设计（2017年）就是很好的事例。

2014年，丹麦家具制造商蒙塔纳推出了客人折叠凳（Guest）[32]。这款凳子由铝制的腿部和聚氨酯泡沫座面构成，约2千克，轻量，而且可以在短时间内组装。最近，在丹麦，随着电子书的发展，书架上常常多出一些空位。于是他们想到，可以在不用的时候，把凳子收纳在书架上。萨尔托在评论中写道："这款凳子体型小巧，收纳方便，可以在需要的时候轻松组装，希望日本人也能用一下。"

32 客人折叠凳
Guest。

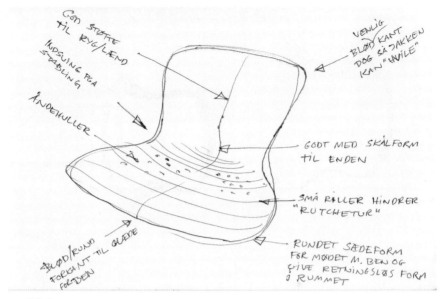

NAP 椅草稿

另外，因为平衡椅而著名的挪威品牌 Varier[33] 于 2017 年发布了移动椅（Motion）。这款椅子像自行车的鞍座一样，只有一条腿。座面的高度可以调整，很适合丹麦办公室里常见的立式办公桌。

从照明器具到家具、室内装饰的设计，萨尔托和西斯歌德这对组合将彼此的专业知识相互融合，扩大了活跃的领域。另外，萨尔托还着眼于丹麦家具设计的未来，致力于培养年轻人。2019 年春，在丹麦国营广播公司 DR 播出的新一代家具设计师选秀节目 "Danmarks Næste Klassiker" 中，萨尔托担任评委。他说："除了和西斯歌德一起设计以外，我也希望培养能够引领未来丹麦家具设计的新设计师。"这对组合在更多领域的活跃表现值得期待。

33 Varier
2007 年为经营 Stokke 公司的平衡椅而成立的公司。

塞西莉·曼兹

Cecilie Manz（1972—）

曾经的志愿是当画家，却成为设计师，设计家具等各种产品

塞西莉·曼兹是引领现在丹麦设计界的女设计师。她的作品不仅有家具，还有照明器具、玻璃制品、餐具、纺织品、包和音箱等。日本的室内装饰品牌 ACTUS 也发布了她的产品[34]。

塞西莉出生于西兰岛北部的奥斯海勒兹，父亲理查德·曼兹和母亲波迪尔·曼兹都是陶艺家。她的整个童年都在近距离感受创造性工作。塞西莉从小就喜欢画画，为了成为画家，她在高中毕业后报考了丹麦皇家艺术学院的美术学校和丹麦设计学院。遗憾的是，她没有被第一志愿的美术学校录取，于是去上了丹麦设计学院。塞西莉在迈入设计学院大门的时候告诉自己，先听两三个月课，如果不喜欢就退学。然而，入学后她感受到设计的魅力，决心成为一名设计师。

没有家具匠师经验让她得以自由发挥创意

在丹麦设计学院，塞西莉学的专业是家具设计。因为她曾经的梦想是成为画家，所以在入学之前，她并没有受过家具匠师的训练。这一点让她可以不受既有概念的束缚，自由地发挥创意，并反映到她别具一格的家具设计当中。

当时，在丹麦设计学院教授家具设计课程的，

34 ACTUS 发售有"moku 系列"。制作方为日进木工。

是丹麦现代家具设计史上的第二代设计师。他们有尼尔斯·约根·豪根森[35]、约翰尼斯·弗索姆和彼得·希奥特·洛伦岑[36]、埃里克·克罗格、尼尔斯·赫瓦斯[37]、罗尔德·斯特恩·汉森等。

据说，塞西莉也曾为没有家具匠师的经验而感到遗憾。但是，塞西莉本人也说，有经验反而可能妨碍她自由地发挥创意，对设计的态度大概也会有所不同。

发布圆桌竹签桌等独具一格的作品，逐渐引起关注

塞西莉还曾交换留学到芬兰的赫尔辛基艺术设计大学学习。1997年，她从丹麦设计学院毕业。第二年，她在哥本哈根设立设计事务所。塞西莉的父母是陶艺家，她从小耳濡目染，对她而言，拥有自己的工作室想必是顺理成章的。事务所设立之初，她并没有特定的客户，尚在摸索阶段。后来她发布了梯椅[38]（1999年）、衣树架[39]（2000年）、竹签桌[40]（2003年）等独具一格的作品，逐渐引起了关注。

梯椅是由梯子和椅子组合而成的作品。塞西莉回忆说，当一家德国家具制作人尼尔斯·霍格尔·穆尔曼（Nils Holger Moormann）联系到她，表示希望将梯椅变成产

35 尼尔斯·约根·豪根森
Niels Jørgen Haugesen（1936—2013）。著名作品有钢制堆叠椅"X-line"。30多岁时曾为阿恩·雅各布森工作。

36 约翰尼斯·弗索姆和彼得·希奥特·洛伦岑
Johannes Foersom（1947—），Peter Hiort-Lorenzen（1943—）。1977年他们成为搭档。著名作品有用细管框架连接成型胶合板椅背和椅座的校园椅（Campus Chair）。

37 尼尔斯·赫瓦斯
Niels Hvass（1958—）。1998年起和克里斯蒂娜·施特兰德（Christina Strand）共同成立设计工作室Strand+Hvass，一起活动。

38 梯椅
Ladder。

39 衣树架
Clothes Tree。

40 竹签桌
Micado。

品的时候，她感到难以置信。

衣树架是由不同长度的方木条随意组合而成的衣帽架，设计于 2000 年。到 PP 莫布勒限量生产（2008 年到 2013 年）为止，花了整整 8 年时间。竹签桌是一款可拆卸的圆桌，名字来自挑竹签游戏（Mikado）[41]，由腓特烈西亚家具产品化。塞西莉凭借这些作品，逐渐以家具设计师的身份崭露头角。

因为设计照明器具及玻璃制品而一跃成名

令塞西莉闻名于世，并在商业上取得巨大成功的，并不是家具，而是照明器具卡拉瓦乔[42]（2005年，由光年发布）。这是一款吊灯，纵长的灯罩让人联想到花园铃铛，搭配纺织电线，令人印象深刻。发售时的主题颜色是有光泽的黑色搭配深红色的纺织电线，给人以强烈的视觉冲击，媒体也争相报道。

卡拉瓦乔这个名字是塞西莉本人取的。它来源于 16 世纪下半叶到 17 世纪初活跃的意大利画家米开朗基罗·梅里西·达·卡拉瓦乔。他的绘画中的黑色和红色令人印象深刻。塞西莉热爱绘画的一面由此可见一斑。卡拉瓦乔吊灯有多种尺寸和配色可以选择。它不仅走入咖啡馆等商业空间，也走进了千家万户，获得了巨大的成功。

2006 年起，塞西莉通过丹麦的玻璃制品厂 Holmegaard 陆续发布极简[43]（2006 年）、光谱[44]（2007 年）、黄碗（2007 年）、纯真[45]（2008 年）等产品。其中极简系列获得了丹麦设计大奖。

41 挑竹签游戏
欧洲家喻户晓的游戏。将带有图案的竹签撒在桌面上，轮流将竹签取出。不同图案对应不同分数，根据拿到的竹签分数来决定胜负。

42 卡拉瓦乔
CARAVAGGIO 参见 P247。

44 光谱
Spectra。

45 纯真
Simplicity。

这些系列产品都采用了玻璃工艺，对塞西莉
而言，是一项对新材料的挑战。她每天很早就去
Holmegaard 的玻璃工房，直接向匠师学习玻璃的成
型技术和特性。这样的努力取得了成果。这一系列
作品尽管造型都很简单，但却具有吹制玻璃特有的
美，作为礼品也很受欢迎。

43 极简

Minima。

通过弗里茨·汉森发布桌椅新作

卡拉瓦乔吊灯和极简系列玻璃制品的成功，大大提高了塞西莉的知名度。2009年，她与弗里茨·汉森合作，发布了漫笔桌[46]。这款桌子在长方形桌板（人造板）两侧安装了"口"字形桌脚，设计非常简约。这与她早期的梯椅、衣树架、竹签桌等概念性的设计形成鲜明对比。桌板和桌腿之间留有空隙，简单的设计中透着轻快。漫笔桌可以很容易地与各种风格的空间搭配，作为2009年的代表性设计，获得了丹麦主流室内设计杂志《BO BEDRE》颁发的奖项。

46 漫笔桌
Essay Table。

2012年，塞西莉再次与弗里茨·汉森合作，发布了渺小椅[47]。这款椅子的腿部使用了尼龙树脂材料，并用玻璃纤维强化，椅身则由丙纶制成。尽管由树脂制成，但表面使用了手感舒适的面料。作品十分注重细节，沿着椅身的轮廓用皮革做了边饰。现在这款椅子已经绝版，塞西莉很喜欢它的圆角造型，至今自己的设计事务所里使用的仍然是当初的试制品。

47 渺小椅
minuscule。

重新设计的音箱引起巨大反响

后来，塞西莉活跃的范围越来越大，丹麦的muuto、芬兰的iittala、日本的ACTUS、德国的DURAVIT等，各个国家各个品类的客户都发布过她的作品，她也斩获了多个设计奖项。对塞西莉而言，最大的转机是与丹麦高端音响制造商"铂傲（Bang & Olufsen）"合作的项目。

从 2012 年发布的 Beolit 12 开始，A2（2014 年）、Beolit 15（2015 年）、A1（2016 年）、M3（2017 年）、M5（2017 年）、P2（2017 年）、P6（2018 年）紧随，几乎每年都有新作问世[48]。

这些都是音箱作品，可以通过隔空播放（Air Play）或蓝牙连接音乐播放器。有孔铝材料的金属质感与皮制手带相得益彰，这样的设计在音响设备中十分新颖，同时又有某种令人怀念之感。这些作品成了铂傲的新标志，引起了强烈的反响。

据塞西莉·曼兹所说，铂傲当初提出了两点要求：一是便于携带；二是价格较铂傲既有产品更有优势。为了降低价格，需要用树脂材料来制作主体部分，但是塞西莉·曼兹通过铝材料和皮革搭配，成功减轻了树脂特有的廉价感。

另外，20 世纪 70 年代，铂傲的产品经常使用铝材料，塞西莉·曼兹也希望通过使用铝材料，在现代的产品中再现彼时的形象。这可以说是丹麦设计师所擅长的重新设计的优秀案例。

2017 年，为纪念日本和丹麦两国建交 150 周年，在金泽 21 世纪美术馆举办"日日生活——感悟印记"展，塞西莉·曼兹出任策展人，和日方的策展人共同策划展览。展览以"通过聚焦两国日常生活中存在的工具，重新审视平时的生活"为主题，通过各种各样的形式，展示了根植于日本和丹麦两国日常生活中的文化和风土片断。它提供了一种展示设计的新形式，一度成为话题。

48 自上而下依次是 Beolit 15、A1、M3、M5、P2。

对现在的设计师而言，黄金期的前辈是重要的存在。但是，不能单纯地复制过去的设计

塞西莉·曼兹在很多方面都一直非常活跃，她对活跃在黄金期的设计师有怎样的印象呢？2019年，我拜访她的事务所时，向她提出了这个问题。

她说："他们这些前辈确立了丹麦现代设计的标准，对现在的设计师而言是非常重要的存在。现在的丹麦设计之所以存在，毫无疑问是黄金期设计师的功绩。但是，我们现在的设计师不应该只是单纯地复制过去的设计，针对我们所处的环境和所要解决的问题，用最合适的材料和新技术，不断摸索适应时代的创意，我认为是非常重要的。"

塞西莉非常感谢黄金期的女设计师（南娜·迪策尔、格蕾特·雅尔克等），是她们奠定了女设计师可以和男设计师平起平坐的基础。现在，塞西莉和几名员工一起同时推进多个项目，在家庭里，她还是两个孩子的母亲，用"魅力"二字来形容她再适合不过了。

卡拉瓦乔（CARAVAGGIO）

49 维纳曾经就读的美术工艺学校和芬·尤尔曾经任教的腓特烈西亚工业专门学校于 1990 年合并而成的学校。2011 年并入丹麦皇家艺术学院。

托马斯·班德森

Thomas Bentzen (1969—)

向丹麦新一代品牌提供设计的新锐设计师

托马斯·班德森是我于 2000 年至 2003 年期间在丹麦设计学院[49]留学时的同学。学生时代的他是一个态度温和的高个儿青年，近年他向 HAY、muuto 等新一代品牌提供设计，作为设计师十分活跃。他就读丹麦设计学院时，曾和几个同学一起成立了一个叫作 "REMOVE" 的小组，在哥本哈根市内的画廊和家具展上发布作品。

回想当时，年轻设计师似乎总是在家具展上展出自己的作品，寻找能将自己的创意变成作品的制作方。我也不止一次和同学合租展位，展出作品。HAY、muuto 的出现，正是渴求制作方的他们求之不得的机会。

体现 HAY 品牌理念的小桌子赢得好评

2003 年，班德森从设计学院毕业之后，利用丹麦艺术研习会（Danish Art Workshops）的奖学金制度，致力于创作新作品，设计了一件十字形的独特的作品。这件作品被命名为十字凳（Plus Stool），由丹麦品牌 Askman[50] 产品化，成为班德森值得纪念的作品。

另外，作为 "REMOVE" 活动的一部分，2005 年，他发布了丹麦设计中心咖啡馆的室内装饰。他

50 Askman
1993 年由 Carl Alfred Askman 创办。现在，除班德森以外，还经营乔根·莫勒、汉斯·山格林·雅各布森等人的作品。

提出的设计方案是，在一个通透的空间内，设置多个口字形的半包厢单位。这一方案经过施工，被咖啡馆使用了一段时间。同年，班德森还发布了 A15 号椅子。该椅子由铝板像折纸一样弯曲制成，获得丹麦铝协会颁发的奖项。

班德森从 2005 年开始在路易丝·坎贝尔的设计事务所做助手工作。坎贝尔因巧妙运用材料设计独特作品而知名。作为坎贝尔的助手，班德森学到了很多，比如尝试新材料的方法、原型制作的重要性，以及事务所的经营方法等。

在坎贝尔事务所工作之余，班德森每周会拿出几天时间，做自己的项目。2007 年，便携式小桌别离开我（Don't Leave Me）[51] 通过 HAY 发布。这张桌子由从托盘的中心向上延伸的 L 字形提手和三脚支架构成。学生时代，班德森住的小公寓里没有空间放大桌子，就使用简单便携的小桌子。这成了他创意的来源。

这款小桌很有特点，令人过目难忘，自发布以来，一直是 HAY 招牌商品之一，至今仍在继续生产。可以说，它完美地诠释了 HAY 的品牌理念——价格合理，设计出众。

51 别离开我
Don't Leave Me。

52 交融坐垫系列
Mingle。

53 环绕咖啡桌
Around 参见 P226。

54 增高花瓶
Elevated。

55 罩椅
Cover Chair 参见 P253。

成为新世代品牌 muuto 的设计担当，接连发布新作

别离开我小桌的成功，令班德森找到了状态。2010 年，他离开坎贝尔事务所，成立了自己的设计事务所。独立后的班德森，逐步加深了他与另一新世代品牌 muuto 的合作关系。从 2011 年到 2013 年，班德森担任设计经理，后来又担任设计部负责人，一直到 2015 年。继 2012 年的交融（Mingle）坐垫系列 52 之后，muuto 又发布了环绕（Around）咖啡桌 53（2011 年）、增高（Elevated）花瓶 54（2013 年），以及罩椅（Cover Chair）55（2013年）等作品。

Around 是一款圆桌。它的灵感来自芬·尤尔作品。芬·尤尔的设计工艺性强，班德森则加入了工业设计的考量，更适合量产。这种桌面边缘立起的桌子在芬·尤尔作品中是很常见的。据说班德森就是由此获得了灵感。与芬·尤尔作品相比，这款桌子给人印象更加休闲，与新世代品牌形象刚好一致。

罩椅（Cover Chair）的原型是 2012 年为匠师协会秋季展而设计的椅子。新作品经过了重新设计。为了让椅子更加舒适，班德森在细节上动了许多脑筋。其设计亮点是包覆在扶手部分上的护套。2019年，同一系列又添了躺椅版。

设计师也要掌握工业生产所需的知识

班德森与 muuto 的良好关系，在他 2016 年不

再担任负责人以后仍然持续着。他每年向 muuto 提供新的设计作品。例如，"阁楼椅"[56]（2017 年）"阁楼吧台凳"[57]（2018 年）"拥抱"餐具柜[58]（2018 年）、户外也能使用的"线条钢系列"[59]（2019 年）。班德森作为 muuto 的代表设计师之一，今后的表现仍然值得期待。

多年以来，班德森一直向 muuto 提供设计。我向他请教，要跟 muuto 这种类型的品牌合作，有什么需要注意的事项。他的回答是这样的：

"重要的是让设计与外包工厂拥有的设备相匹配，而且提供的设计应该有一定的完成度。我一直很注意这点。"

在拥有现代化设备的工厂里工作的技术人员不是工匠，而是工程师。他们不像黄金期设计师的那些搭档，会和设计师交换意见，通过彼此合作来实现设计。这就要求设计师要充分了解使用

56 阁楼椅
Loft Chair。

57 阁楼吧台凳
Loft Bar Stool。

58 拥抱
Enfold。

59 线条钢系列
Linear Steel Series。

最新设备的工业化生产，在此基础上提供设计。近年，丹麦家具制造业的工业化程度越来越高。运用现代化工业设备的制造业的知识，可以说是设计师必备的新技能。

设计物美价廉的椅子，宛如摩根森的 J39

2019 年 4 月，班德森通过他的新客户——TAKT[60] 发布了组装式的软椅[61]。TAKT 是丹麦的新家具品牌，通过网站限量销售宜家那样的平板包装[62] 的产品。与宜家不同的是，TAKT 没有店铺，因此不需要运营店铺的成本，又因为是平板包装，可以削减物流成本。因此，它可以把销售价格的一大半用来充当制造成本。其目标是，用普通人也能承担的价格，制造高质量的家具。

根据这一品牌理念，班德森设计了软椅。这款椅子令人联想到摩根森的 J39。两侧的框架和 2 根横梁由原色榉木制成，座面和靠背则由成型胶合板制成。椅子以平板包装的形式送到购买者手中，可以用附带的六角扳手轻松组装。

TAKT 的产品可以免费运送到丹麦、瑞典、德国、比利时等欧洲国家。它是丹麦家具利用互联网发起的新挑战，今后的发展值得期待。

工业化程度日益加深的丹麦家具制造业，要求设计师具备新的知识和技能。班德森正是因为拥有这些知识和技能而受到关注。今后，他一定会继续设计休闲、简约、而又兼具功能性的作品吧。

60 TAKT
产品芬兰设计师 Rasmus Palmgren 的 Tool Chair、英国设计师组合 Pearson Lloyd 的 Cross Chair 等设计简约的椅子。

61 软椅
Soft Chair。

62 平板包装
将家具等产品分解成零件后装箱包装。购买者自己用零件组装成完成品。

罩椅（Cover Chair）。右下图为
休闲罩椅（Cover Lounge Chair）。
参见 P250

熙·韦林（图右）和古德蒙杜尔·卢德维克（图左）

熙·韦林和
古德蒙杜尔·卢德维克

（Hee Welling 1974—，Gudmundur Ludvik 1970—）

熙·韦林在就读丹麦设计学院期间就已经有椅子产品化

　　熙·韦林是近年丹麦家具设计行业特别活跃的年轻设计师之一。他的父亲是家具匠师，他的童年就是在父亲的工房中玩耍度过的，于是他很自然地选择了这个行业。高中毕业后，熙·韦林就读一所全寄宿制的民众高等学校（Folkehøjskole）[63]，在那里接触了艺术和设计之后，考入芬兰的赫尔辛基艺术设计大学，学习家具设计。之后，他继续学习丹麦设计学院的硕士课程，专业仍然是家具设计。2003年，他从丹麦设计学院毕业，和另一位设计师合租哥本哈根腓特烈西亚地区一栋房子的二楼，成立了设计事务所。

　　韦林也和托马斯·班德森一样，是我在丹麦设计学院留学时的同学。还在上学的时候，韦林就已经抢先一步，一边上学，一边做自由设计师。除了确认课题进度和发布作品的时候，我们很少在学校见到他。偶尔在教室里遇到，他会满怀热情地告诉我他正在做的项目。虽然还是学生，但是丹麦家具制造商 Nielaus[64] 已经将他的锥形椅[65]变成了产品，他的同学也对他另眼相看。

63 民众高等学校
丹麦 19 世纪中叶的全寄宿制成人教育机构。其理念是培养民主主义思维，满足未知欲，没有考试和成绩评价等。

64 Nielaus
公司的起源可以追溯到创办于 1959 年的家具制造商 Jeki Møbler。后来经过合并，2000 年后以 Nielaus 品牌活动。

65 锥形椅
Cone Chair。

结识 HAY 的创始人，发布招牌椅子

对韦林而言，独立后的第一个转机，就是结识 HAY 的创始人。2004 年，斯堪的纳维亚家具展在哥本哈根举办。韦林参加天才设计展区（Talent Zone），展出用钢筋制成的简约餐椅的原型。据说罗尔夫·海伊（Rolf Hay）一眼就看中这件作品的设计，马上就和韦林交涉产品化事宜。当时，罗尔夫·海伊正在为扩充 HAY 的产品阵容寻找目标，他发现这款椅子刚好符合 HAY 的品牌理念的时候，一定非常兴奋。鉴于韦林日后的成就，可以说罗尔夫·海伊非常有先见之明。

这款椅子被命名为熙（Hee）系列[66]，该系列中除了餐椅，还加入了座面较低的躺椅型，以及座面较高的吧台椅型。该系列在 2005 年的米兰设计周上由 HAY 正式发布。由细钢线构成的简约设计，给人以轻快的印象。因为这个系列的椅子可以叠放，又能在户外使用，所以受到很多当时流行的露天咖啡厅的青睐。作为 HAY 品牌设立之初的招牌产品之一，它取得了巨大的成功。

66 熙（Hee）系列椅子

发挥新世代品牌的优势，
扩充椅腿的多样性

为了进一步扩充 HAY 的产品阵容，海伊和韦林启动了一个大型项目。他们为了给 6 种不同形状的聚丙烯制椅身，装上各种各样的椅腿，设计出了30 多款衍生型号。这一系列的产品被命名为关于一个系列（About A Collection），由餐椅、扶手椅、滑轮椅、吧台凳、躺椅和沙发等构成，至今仍占据 HAY 产品阵容的中心地位。

关于一个系列的理念与美国伊姆斯夫妇的贝壳

HAY 关于一个系列

椅系列相通，其中做了以下几项新的尝试：

- 成型模具费用较高，统一椅身设计则可以减少在模具上的投资。
- 在自由度相对较高的椅腿部分增加变化。
- 凭借以上两点，以合理的价格为用户提供更多选项。

因为 HAY 是一个新品牌，没有自己的工厂，才使得这样的尝试成为可能。先在多个工厂制造各个零部件，然后集中到一处组装，这样的做法对丹麦的老牌家具制造商也产生了影响。

熙·韦林和古德蒙杜尔·卢德维克共同成立设计事务所，老牌制造商腓特烈西亚家具也发布他们的作品

凭借与 HAY 合作的项目，韦林作为家具设计师的口碑进一步提高。2010 年，他和在丹麦设计学院读书时的同学古德蒙杜尔·卢德维克共同成立了设计事务所。卢德维克来自冰岛，曾经做过雕塑家，是一个很特别的家具设计师。他主要在日德兰半岛的瓦埃勒活动，每周有几天去哥本哈根的共同事务所，和韦林一起做项目。

2013 年，他们共同设计的帕托（Pato）系列[67]由腓特烈西亚家具发布。该系列由餐椅、扶手椅、吧台凳、躺椅和长椅等构成，设计理念和 HAY 的关于一个系列相同。利用共通的椅身，增加椅腿部分的变化，实现了丰富的产品阵容。帕托系列的椅

67 帕托系列

（上图）帕托椅、（下图）帕托休闲椅。

身可以选择 3 种不同的材料，包括聚丙烯、聚氨酯泡沫和成型胶合板。

新品牌和老牌制造商发布同一设计师以共同理念开发的系列，最初我也感到很惊讶。将两者放在一起，比较其区别，非常有趣。

无论是新品牌还是老牌制造商，在设计上都一视同仁

韦林和卢德维克既向 HAY 这样的新品牌提供设计，又向腓特烈西亚家具这样的老牌制造商提供设计。我问他们会不会因为制造商不同而改变设计思路。他们的回答是："基本上不会改变。"他们并不是根据制造商的品牌形象提供设计，而是根据各制造商提出的项目主题和设计要求进行设计。

他们还回答说："不同的制造商和品牌，花在销售渠道和广告宣传上的费用不同，所以即使设

（上图）鹅卵石凳（Warm Nordic），
（下图）AVKI 休闲椅（Lapalma）

第五章

男士椅（arrmet）

计、质量相同，最终的销售价格还是会有差别，这一点设计师是无能为力的。"

近年，韦林和卢德维克还向 Cane-line[68]、Warm Nordic[69] 等品牌提供设计。Cane-line 是丹麦的家具制造商，专长是户外家具。Warm Nordic 则是混合型品牌，既经营年轻设计师的产品，又经营黄金期设计的复刻产品。

除了丹麦以外，他们还承接意大利制造商的工作。例如，单独和韦林合作的 Lapalma[70]，以及和两人共同合作的 arrmet[71]。期待两人今后在国际上有更活跃的表现。

68 Cane-line
韦林和卢德维克通过 Cane-line 发布了 Less 椅、Lean 餐椅，以及 Roll 边桌等。

69 韦林和卢德维克为 Warm Nordic 设计了凳子以及橡木、胡桃木托盘等。

70 Lapalma
1978 年在意大利东北部的帕多瓦（Padova）成立的家具制造商。经营日本设计师 AXUMI 设计的 LEM 凳等产品。

71 arrmet
1960 年在意大利东北部的乌迪内（Udine）郊外的曼扎诺（Manzano）成立的家具制造商。

丹麦照明器具制造商

在丹麦，要营造舒适的空间，照明器具是非常重要的元素。本专栏就为您介绍丹麦代表性的照明器具制造商。

⊙ 路易斯·普尔森（Louis Poulsen）

路易斯·普尔森是 1874 年创业的照明器具制造商。作为线材进口批发商创业后，他一度销售用于电气施工的零部件及工具，因为结识了保罗·汉宁森（1894—1967），从而走上了照明器具制造商之路。双方的合作关系始于 1925 年的巴黎世博会。展出作品是由 3 层灯罩组成的台灯。这款作品经过重新设计，又诞生了吊灯、落地灯等。1958 年，路易斯·普尔森发布了 PH5、PH 雪球、PH 松果灯，堪称丹麦照明器具的杰作。特别是 PH5，在日本也很受欢迎，2016 年，其知名度获得认可，注册立体商标。除保罗·汉宁森以外，路易斯·普尔森还生产阿恩·雅各布森、维纳·潘顿设计的照明器具（P152 照片为潘顿的 VP Globe 地球吊灯。现在由 VERPAN 复刻生产）。

PH 雪球

⊙ 勒·柯林特（LE KLINT）

勒·柯林特是设立于 1943 年的照明器具制造商。勒·柯林特照明器具的灯罩如折纸工艺一般，令人印象深刻（参见 P65）。灯罩看上去像是纸做的，实际是用薄塑料板精心折叠而成，其美丽的外形至今已迷倒了无数人。当初以直线风格的设计为主，1971 年，由有机的曲面构成的 SINUS LINE 系列（保罗·克里斯蒂安）发布，成为勒·柯林特的招牌产品，至今仍很受欢迎。2003 年，该系列得到丹麦王室的青睐，被用在宫廷和专列上。

⊙ 光年（Lightyears）

光年设立于 2005 年，是一个新的照明器具品牌。因为它发布塞西莉·曼兹、卡斯帕·萨尔特和托马斯·西斯歌德等丹麦现役设计师设计的产品，而受到极大关注（参见 P236、242）。特别是塞西莉·曼兹设计的卡拉瓦乔吊灯，作为光年的招牌产品获得了巨大成功。虽然在 2015 年它并入弗里茨·汉森旗下，但仍继续使用"光年"这一品牌。

勒·柯林特的吊灯

现在的丹麦家具设计

[年表]

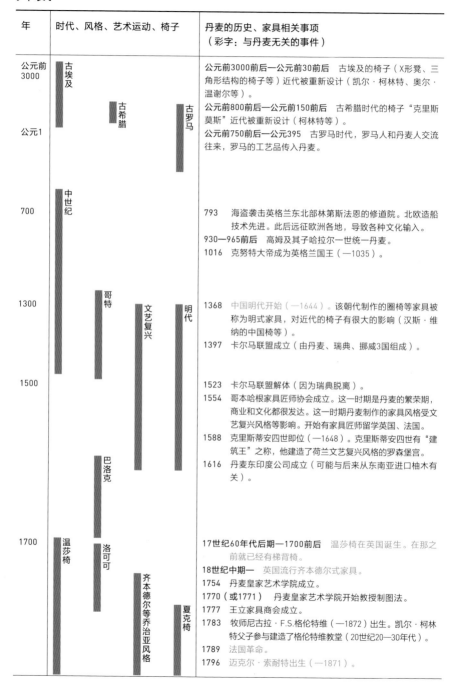

年	时代、风格、艺术运动、椅子	丹麦的历史、家具相关事项（彩字：与丹麦无关的事件）
公元前3000	古埃及　　古希腊　　古罗马	公元前3000前后—公元前30前后　古埃及的椅子（X形凳、三角形结构的椅子等）近代被重新设计（凯尔·柯林特、奥尔·温谢尔等）。
公元1		公元前800前后—公元前150前后　古希腊时代的椅子"克里斯莫斯"近代被重新设计（柯林特等）。 公元前750前后—公元395　古罗马时代，罗马人和丹麦人交流往来，罗马的工艺品传入丹麦。
700	中世纪	793　海盗袭击英格兰东北部林第斯法恩的修道院。北欧造船技术先进。此后远征欧洲各地，导致各种文化输入。 930—965前后　高姆及其子哈拉尔一世统一丹麦。 1016　克努特大帝成为英格兰国王（—1035）。
1300	哥特　文艺复兴　明代	1368　中国明代开始（—1644）。该朝代制作的圈椅等家具被称为明式家具，对近代的椅子有很大的影响（汉斯·维纳的中国椅等）。 1397　卡尔马联盟成立（由丹麦、瑞典、挪威3国组成）。
1500	巴洛克	1523　卡尔马联盟解体（因为瑞典脱离）。 1554　哥本哈根家具匠师协会成立。这一时期是丹麦的繁荣期，商业和文化都很发达。这一时期丹麦制作的家具风格受文艺复兴风格等影响。开始有家具匠师留学英国、法国。 1588　克里斯蒂安四世即位（—1648）。克里斯蒂安四世有"建筑王"之称，他建造了荷兰文艺复兴风格的罗森堡宫。 1616　丹麦东印度公司成立（可能与后来从东南亚进口柚木有关）。
1700	温莎椅　洛可可　齐本德尔等乔治亚风格　夏克椅	17世纪60年代后期—1700前后　温莎椅在英国诞生。在那之前就已经有梯背椅。 18世纪中期—　英国流行齐本德尔式家具。 1754　丹麦皇家艺术学院成立。 1770（或1771）　丹麦皇家艺术学院开始教授制图法。 1777　王立家具商会成立。 1783　牧师尼古拉·F.S.格伦特维（—1872）出生。凯尔·柯林特父子参与建造了格伦特维教堂（20世纪20—30年代）。 1789　法国革命。 1796　迈克尔·索耐特出生（—1871）。

262

年	丹麦设计师、建筑家、匠师生卒年、代表家具（彩字）	丹麦的事件、丹麦以外的世界性事件（彩字）
1800	05 作家汉斯·克里斯汀·安徒生	
		14 基尔条约签订，挪威割让给瑞典。
		15 皇家家具商会关闭。
		53 索耐特兄弟公司成立。
		59 索耐特14号曲木椅发布。
		64 第二次石勒苏益格战争战败给普奥联军，失去日德兰半岛南部的石勒苏益格等三个公国。此后，恩里科·达苏加斯（1828—1894）为振兴祖国，在日德兰半岛搞植树造林活动（欧洲云杉等）。
		69 鲁德·拉斯穆森工房成立。
	72 卒）牧师尼古拉·F.S.格伦特维	72 弗里茨·汉森成立。
		74 照明器具制造商路易斯·普尔森成立（创立时为葡萄酒进口批发商）。
	75 卒）作家汉斯·克里斯汀·安徒生	
		78 弗里茨·汉森用成型胶合板制造办公椅第一椅（First Chair）。
	81 卡尔·汉森	
		86 密斯·凡德罗出生（—1969）。
	87 卡伊·哥特罗波	87 勒·柯布西耶出生（—1965）。
	88 凯尔·柯林特 A.J·艾弗森	88 赫里特·里特费尔德出生（—1964）。
		90 丹麦工艺博物馆（现丹麦设计博物馆）成立。索堡·莫布勒成立。
		90前后 法国等地开始新艺术运动（—1910前后）。
	92 尼尔斯·沃戈尔	
	96 雅各布·凯尔	96 消费者合作社FDB成立。
	97 查斯·弗朗斯	
	98 摩根斯·科赫	98 建筑师特亚瓦尔德·宾德斯博尔德设计受新艺术运动影响的家具。阿尔瓦·阿尔托出生（—1976）。
		99 Gedsted Tang og Mandrafabrik（后来的格塔玛）成立。
1900	02 阿恩·雅各布森	02 希尔梯背椅（Hill House Ladderback Chair，麦金托什）。
	02 弗莱明·拉森	
	03 奥尔·温谢尔	03 维也纳工坊成立（—1932，约瑟夫·霍夫曼等）。
	04 卒）鲁道夫·拉斯穆森	
	07 奥尔拉·莫嘉德·尼尔森	07 查斯·伊姆斯出生（—1978）。
		08 卡尔·汉森公司成立（木工师傅卡尔·汉森在欧登塞成立家具工房）。西巴斯特家具厂成立。
1910	10 框架椅（延森·柯林特）	
	11 保罗·卡多维亚斯	11 腓特烈西亚制椅厂成立（实业家N.P.弗朗斯创办。后来的腓特烈西亚家具）。
	12 芬·尤尔	

年	丹麦设计师、建筑家、匠师生卒年、代表家具（彩字）	丹麦的事件、丹麦以外的世界性事件（彩字）
1910	14 汉斯·维纳 伯格·摩根森 福堡椅 16 彼得·维特 18 约恩·乌松	13 阿斯克曼成立。 14 第一次世界大战爆发（—1918）。丹麦保持中立。 18 红蓝椅（里特费尔德）。 19 C.M.麦森成立。包豪斯建校（—1933，德国）。
1920	20 格蕾特·雅尔克 尼尔斯·奥托·莫勒 21 伊布·考福德·拉森 乔根·迪策尔 23 南娜·迪策尔 埃纳·佩德森 26 维纳·潘顿 阿恩·沃戈尔 27 红椅 29 保罗·克耶霍尔姆 凯·克里斯蒂安森	20 公民投票决定北石勒苏益格地区回归丹麦（汉斯·维纳的出生地岑讷属于丹麦）。 24 丹麦皇家艺术学院新设家具课程（凯尔·柯林特出任讲师）。 25 A.J.艾弗森和卡伊·哥特罗波合作参加巴黎世博会，获名誉奖。瓦西里椅（马塞尔·布劳耶）。 26 丹麦工艺博物馆迁至弗雷德里克斯医院旧址。 27 "匠师协会展"在哥本哈根举办（—1966）。MR椅（密斯·凡德罗）。 28 FDB会员杂志《SAMVIRKE》创刊。 29 世界大萧条。
1930	30 汉娜·克耶霍尔姆 辛）延森·柯林特 32 鲁德·蒂格森 33 游猎椅 34 贝尔维尤椅 36 教堂椅 37 伯恩特 38 约根·加梅尔高	 31 永久画廊成立。室内设计杂志《BYGGE OG BO》创刊。 32 《家具风格》（奥尔·温谢尔）出版。凳子60（阿尔瓦·阿尔托）。 32~33 Z形椅（里特费尔德）。 33 匠师协会展开始举办设计比赛。 37 芬·尤尔和尼尔斯·沃戈尔开始合作（—1959）。马格努斯·奥尔林（Magnus Olesen）成立。 39 第二次世界大战爆发（—1945）。
1940	40 鹈鹕椅 42 埃里克·克罗格 丹·斯沃斯 罗纳德·斯泰恩·汉森	40 丹麦被德国占领（4/9）。 42 FDB莫布勒成立（伯格·摩根森为家具设计室负责人）。 43 卡尔·汉森更名为卡尔·汉森父子。勒·柯林特成立。 IKEA成立（瑞典）。

年	丹麦设计师、建筑家、匠师生卒年、代表家具（彩字）	丹麦的事件、丹麦以外的世界性事件（彩字）
1940	44 约翰尼·索伦森 彼得椅	44 凯尔·柯林特出任丹麦皇家艺术学院家具系第一任教授。FDB莫布勒第一家店铺开张（哥本哈根）。J.L.莫勒成立。
	45 45号椅（芬·尤尔）	45 第二次世界大战结束。同盟国解放丹麦（5/5）。永久画廊的常设展览重新开发（12/11）。 45~46 查尔斯和雷·伊姆斯陆续发布多款成型胶合板椅子。
	47 索伦·霍尔斯特 J39、AX椅（50年开始量产）	48 弗朗斯与达沃科森公司（后来的弗朗斯父子）成立。
	49 圆椅、Y形椅、殖民椅、酋长椅	49 汉斯维纳和卡尔·汉森父子开始合作。
1950	50 狩猎椅	50 美国《Interiors》杂志2月期刊登匠师协会展的报导。汉斯·维纳、芬·尤尔的椅子等获好评。伯格·摩根森离开FDB莫布勒。
	51 PK0、熊椅	51 销售汉斯·维纳家具的组织"Salesco"成立。汉斯·维纳获第一届伦宁奖。奥德罗普格美术馆开馆。
	52 蚂蚁椅	
	53 钢丝椅原型（克耶霍尔姆）	53 Gedsted Tang og Madrasfabrik公司更名为格塔玛（GETAMA）。埃纳和拉尔斯·佩德森兄弟创办PP莫布勒。
	54 卒）凯尔·柯林特 Model-75（J.L.莫布勒）	54 北美举办"斯堪的纳维亚设计展"（—1957）。小埃德加·考夫曼在《Interiors》杂志5月期上发表《斯堪的纳维设计在美国》。
	55 七号椅、PK1	55 设计杂志《mobilia》创刊（—1984）。奥尔·温谢尔出任丹麦皇家艺术学院家具系教授。安德烈亚斯·格雷沃斯收购腓特烈西亚家具。
	56 PK22、伊丽莎白椅、Z形椅	
	57 卒）雅各布·凯尔 埃及凳、FM ReolSystem	57 弗朗斯与达沃科森公司更名为弗朗斯父子。日本举办最早的丹麦展（"丹麦优秀设计展"，大阪大丸百货店）。超轻椅（Superleggera，吉奥·庞蒂）。
	58 蛋椅、西班牙椅、锥形椅	58 "芬兰丹麦展"（东京白木屋日本桥店）。
	59 卒）卡尔·汉森 蛋形吊椅	59 丹麦家具品质管理委员会成立。
1960	60 MK椅	60 哥本哈根的SAS皇家酒店（阿恩·雅各布森设计）开业。美国总统候选人电视辩论中，候选人肯尼迪和尼克松坐在圆椅（汉斯·维纳）上论战。
	61 卒）乔根·迪策尔	
	62 Model-78（J.L.莫布勒）、Trissen系列	62 "丹麦展"（银座松屋）。
	63 汉斯·山格林·雅各布森 GJ Bow Chair	
	64 亨里克·腾格勒	
	65 JH701（PP701）	65 国际设计奖ID Prize成立。大型会展中心贝拉中心开业（哥本哈根）。

年	丹麦设计师、建筑家、匠师生卒年、代表家具（彩字）	丹麦的事件、丹麦以外的世界性事件（彩字）
1960	66 托马斯·西斯歌德	66 "匠师协会展"停办。"斯堪的纳维亚家具展"开始（哥本哈根）。弗朗斯父子被卡多维亚斯收购，数年后公司更名为 卡多（Cado）。
	67 卡斯帕·萨尔托 潘顿椅、PK20	67 围绕潘顿椅的设计，发生抄袭争议。
	69 托马斯·班德森 国王家具系列	68 FDB莫布勒家具设计室关闭
		69 PP莫布勒发布汉斯·维纳设计的原创产品PP203。月神椅（Selene Chair, 维柯·马吉斯特雷蒂）
1970	70 路易丝·坎贝尔 古德蒙杜尔·路德维克	70 Soriana沙发（Afra and Tobia Scarpa）
	71 辛）阿恩·雅各布森 PK27	70 意大利设计兴盛。
	72 塞西莉·曼兹 辛）伯格·摩根森 辛）查尔斯·弗朗斯	72 安德烈亚斯·塔克停业。Tripp Trapp（彼得·奥普斯维克） 73 丹麦加入欧洲共同体
	74 熙·韦林 76 辛）卡伊·哥特罗波	76 APStolen、Ry莫布勒停业。保罗·克耶霍尔姆出任丹麦皇家艺术学院教授（—1980）。 76~77 Cab卡布椅（巴里奥·贝里尼）
	79 辛）A.J.艾弗森 PK15	79 C.M.麦森倒闭
1980	80 辛）保罗·克耶霍尔姆 8000系列（蒂格森和索伦森）	80 FDB莫布勒被卖给奎斯特公司。 80前后 意大利后现代主义受到关注。 81 S·E（匠师协会秋季展）举办
	82 辛）尼尔斯·奥拓·莫勒 辛）尼尔斯·沃戈尔	82 Seconda（马里奥·博塔）
	84 辛）弗莱明·拉森 85 辛）奥尔·温谢尔 86 辛）彼得·维特 圆圈椅（Circle Chair）	84 西巴斯特家具厂停业。设计杂志《mobilia》休刊
	89 辛）芬·尤尔	88 特拉佛尔特美术馆开馆 89 永久画廊的常设展厅消失。
1990	90 双人长椅、主席椅	90 汉森与索伦森（后来的Onecollection）成立 90前后 约翰尼斯·汉森工房停业。
	91 辛）约根·加梅尔高	91 约翰尼斯·汉森工房的汉斯·维纳家具相关制造许可证由PP莫布勒接管。
	92 辛）摩根斯·科赫	92 Aeron办公椅
	93 辛）奥尔拉·莫嘉德·尼尔斯 特利尼达椅	93 丹麦加入欧盟

年	丹麦设计师、建筑家、匠师生卒年、代表家具（彩字）	丹麦的事件、丹麦以外的世界性事件（彩字）
1990		95　维纳博物馆开馆（汉斯·维纳的故乡岑讷）。宜家IKEA在哥本哈根郊外的根措夫特开业。腓特烈西亚制椅厂更名为腓特烈西亚家具。
	97　跑者椅 98　卒）维纳·潘顿	99　normann COPENHAGEN成立
2000	00　世纪2000系列	00　ID Prize和IG Prize合并为丹麦设计家（The Danish Design Prize）。
		01　PP莫布勒引进数控机床。
	02　冰椅	02　HAY成立。"阿恩·雅各布森诞辰100周年回顾展"（路易斯安那美术馆）
	03　卒）伊布·考福德·拉森 　　Micado	03　卡尔·汉森父子从奥登塞迁至奥鲁普。
	05　卒）南娜·迪策尔 　　熙（Hee）系列	05　斯堪的纳维亚家具展更名为"哥本哈根国际家具展"（一2008）。照明器具品牌LIGHTYEARS成立
	06　卒）格蕾特·雅尔克	06　muuto成立
	07　卒）汉斯·维纳 　　不要离开我（Don't Leave Me）系列	07　汉森与索伦森更名为Onecollection。
	08　卒）约恩·乌松	08　芬·尤尔故居旁边的奥德罗普格美术馆（哥本哈根）举办"芬·尤尔展"
	09　卒）阿恩·沃尔尔 　　卒）汉娜·克耶霍尔姆 　　漫笔桌	
2010	10　NAP椅	10　&Tradition成立
	11　卒）保罗·卡多维亚斯 　　联合国椅	11　鲁德·拉斯穆森工房由卡尔·汉森父子收购。丹麦设计学院并入皇家艺术学院。丹麦工艺博物馆更名为丹麦设计博物馆。日本知识产权高等法院判决承认Y形椅为立体商标（12年注册立体商标）。
		11～12　芬·尤尔设计的联合国托管委员会会议厅大规模改修，卡斯帕·萨尔托与托马斯·西斯歌德设计（制造商为Onecollection）。
	12　渺小椅（minuscule）	
	13　帕托（Pato）系列	
	14　客人折叠凳（Guest）	14　汉斯·维纳100周年诞辰纪念展"维纳，只是一把好椅子"（WEGNER just one good chair）（丹麦设计博物馆）
	17　卒）伯恩特 　　Loft阁楼椅	17　日本和丹麦建交150周年。在金泽21世纪美术馆举办"日日生活·感悟印记纪念展"（塞西莉·曼兹出任策展人）。同样为纪念150周年，举办"丹麦设计展"（2016年12月长崎县美术馆首展，后在全国巡回）。
		18　Warm Nordic成立
	19　卒）鲁德·蒂格森 　　软椅	

⦿ 参考文献

书名	作者/编者	出版社（发行年）
40 Years of Danish Furniture Design	Grete Jalk	Teknologisk Instituts Forlag（1987）
ARNE JACOBSEN	Carsten Thau & Kjeld Vindum	The Danish Architectural Press（2001）
ARNE JACOBSEN Architect & Designer 4th edition	Poul Erik Tøjner, Kjeld Vindum	Dansk Design Center（1999）
Børge Mogensen - Simplycity and Function	Michael Müller	Hatje Cantz（2016）
Carl Hansen & Son 100 Years of Craftsmanship	Frank C. Motzkus	Carl Hansen & Son A/S（2008）
CHAIR'S TECTONICS	Nicolai de Gier, Stine Liv Buur	The Royal Danish Academy of Fine Arts, School of Architecture Publishers（2009）
DANSKE STOLES/DANISH CHAIRS	Nanna & Jørgen Ditzel	Høst & Søns Forlag（1954）
DANSK MØBEL KUSNT i det 20. århundrede	Arne Karlsen	Christian Ejlers（1992）
Den nye generation Dansk møbeldesign 1990-2005	Palle Schmidt	Nyt Nordisk Forlag Arnold Busck（2005）
En lys og lykkelig fremtid - HISTORIEN OM FDB MØBLER½	Per H. Hansen	SAMVIRKE（2014）
FINN JUHL AND HIS HOUSE	Per H. Hansen	ORDRUPGAARD / STRANDBERG PUBLISHING（2014）
Finn Juhl at the UN -a living legacy	Karsten R.S. Ifversen, Birgit Lyngbye Pedersen	STRANDBERG PUBLISHING（2016）
FRANCE & SØN BRITISH PIONEER OF DANISH FURNITURE	James France	Forlaget VITA（2015）
FURNITURE Designed by Børge Mogensen	Arne Karlsen	The Danish Architectural Press（1968）
HANS J. WEGNER A Nordic Design Icon from Tønder	Anne Blond	Kunstmusset I Tønder（2014）
HANS J WEGNER om Design	Jens Bernson	Dansk design center（1994）
IN PERFECT SHAPE REPUBLIC OF FRITZ HANSEN	Mette Egeskov	Te Neues Pub Group（2017）
KAARE KLINT	Gorm Harkær	KLINTIANA（2010）
Lidt om Farver/Notes on Colour	Verner Panton	Dansk Design Center（1997）
MOTION AND BEAUTY · THE BOOK OF NANNA DITZEL	Henrik Sten Møller	RHODOS（1998）
NANNA DITZEL TRAPPERUM STAIRSCAPES		KUNSTINDUSTRIMUSEET（2002）
POUL KJÆRHOLM - FURNITURE ARCHITECT	Michael Juul Holm and Lise Mortensen	Louisiana Museum of Modern Art（POUL KJÆRHOLM展图鉴）（2006）
P.V.JENSEN-KLINT - The Headstrong Master Builder.	Thomas Bo Jensen	The Royal Danish Academy of Fine Arts, School of Architecture Publishers（2009）
STORE DANSKE DESIGNERE	Lars Hedebo Olsen, Anne-Louise Sommer等	LINDHARDT OG RINGHOF（2008）
Tema med variationer Hans J. Wegner's møbler	Henrik Sten Møller	Sønderjyllands Kunstmuseum（1979）
THE ART OF FURNITURE 5000 YEARS OF FURNITURE AND INTERIORS	OLE WANSCHER	REINHOLD PUBLISHING CORPORATION（1966）
the danish chair - an international affair	Christian Holmsted Olesen	Strandberg Publishing（2018）
Verner Panton. Die SPIEGEL-Kantine	Sabine Schulze, Ina Grätz	Hatje Cantz（2012）
WEGNER just one good chair	Christian Holmsted Olesen	Hatje Cantz（2014）
ARNE JACOBSEN ヤコブセンの建築とデザイン	吉村行雄（照片）、鈴木敏彦（文）	TOTO出版（2014）
FINN JUHL追悼展		芬·尤尔追悼展执行委员会（1990）
VERNER PANTON The Collected Works	橋本優子、Mathias Remmele、パゾン・ブロック	エディシオン・トレヴィル（2009）
美しい椅子 北欧4人の名匠のデザイン	島崎信+生活デザインミュージアム	枻出版社（2003）
9006 デザインと共に歩んだ9006日	マイク・オエマー（渡部浩行译）	ニュト・ノルディスカ出版（1991）
近代椅子学事始	島崎信、野呂彰勇、織田憲嗣	ワールドフォトオプレス（2002）
後世への最大遺物・デンマルク国の話	内村鑑三	岩波文庫（改版第1刷 2011）
スカンジナビアデザイン	エリック・ザーレ（藤森健次译）	彰国社（1964）
増補改訂 名作椅子の由来図典	西川栄明	誠文堂新光社（2015）
デンマーク デザインの国	島崎信	学芸出版社（2003）
デンマークの椅子	織田憲嗣	光琳社出版（1996）
デンマークの歴史	橋本淳 編	創元社（1999）
20世紀の椅子たち	山内陸平	彰国社（2013）
ハンス・ウェグナーの椅子100	織田憲嗣	平凡社（2002）
フィン・ユールの世界	織田憲嗣	平凡社（2012）
別冊太陽 デンマーク家具		平凡社（2014）
北欧文化事典	北欧文化協会など	丸善出版（2017）
物語 北欧の歴史	武田龍夫	中公新書（1993）
Yチェアの秘密	坂本茂、西川栄明	誠文堂新光社（2016）

⊙ 图片出处

书中照片得到各方人士的协助。以下列出配合摄影者（配合家具、资料等的摄影）、照片提供者（提供照片数据等）及在本书中出现的位置。

<配合摄影>

- 丹麦设计博物馆：P27下、P29左下、P30、P31、P42下段左起第2张、P61上段2张·3段2张、P62上起第3张、P74左3张、P83*5、P85、P90*8、P93*13、P102左上、P106左下、P140·4段右、P143右上、P152*18、P155中段2张·下段左2张、P173*7、P197*21、P223*10
- 腓特烈西亚家具：P10、P83*6下、P199上·下
- 弗里茨·汉森：P110下2张、P114*19上、P153*22左、P155·3段左、P170*2下、P196*16
- 南纳·迪泽设计：P159*5
- PP莫布勒：P182、P190下、P192下2张、P193
- 韦格纳博物馆（Wegner Museum Tønder）：P92、P93*12、P101（GE1936、OX椅）
- 齿科医院法人大福井：P160、P177*19、P261
- 卡尔·汉森父子日本P71*2、P137上、P205
- 格格威奇株式会社：P39*31、P41*37、P42上段右·中段右2张、P78上2张、P125中
- 兴石株式会社：P29*14·右下、P62*10、P66、P73、P91、P101左下、P125下3张、P132上2张、P140上段4张、P153*21、P156、P189下2张、P209上、P220
- KEIZO株式会社（FRITZ HANSEN STORE OSAKA）：P111*11、P111下、P115下、P116上段左2张·2段左2张·3段左2张·下段左2张、P118（蚂蚁椅3条腿以外）、P134*1、P137下3张、P138上、P140·3段3张、P141、P144、P145（PK61、PK33）、P146（PK20）、P178
- 坂本茂：P7、P34（圆椅）、P42（J39）、P65*21、P68上段右、P79（J39）、P96*20、P97*26左、P101（FH4283、CH24、圆椅、PP701）、P102（FH4283、CH24、圆椅）、P186*3、P191*14下、P202下2张、P204*47、P216、P231
- 斯堪的纳维亚：P101（PP66、公牛椅、熊椅）、P102（PP66、PP56、牛角椅、公牛椅）
- 妹尾衣子：P34右下、P130、P188上
- DANSK MOBEL GALLERY：P72上、P140·2段3张
- 叶工业株式会社：P34左下、P61·2段3张、P131、P143左下
- 卢卡株式会社（Luca Scandinavia）：P74右4张、P172*3、P185中

<提供照片>

- Alamy / 桂爱美：P60
- AP / 桂爱美：P97*26右
- B&O PLAY：P245
- CASPER SEJERSEN：P240
- 塞西莉·曼兹工作室：P242*45
- DITTE ISAGER：P198下
- ERIK BRAHL：P51、P241*38*40
- HOLMEGAARD：P242*44、P243
- iStock：P64
- JEPPE GUDMUNDSEN-HOLMGREEN：P241*39
- Joergen Sperling/Ritzau Scanpix / 桂爱美：P57右下、P148上
- LIGHTYEARS：P247
- 南纳·迪泽设计：P36下、P56下、P158、P159下 2张、P161、P163~166
- Poul Petersen / Ritzau Scanpix / 桂爱美：P56上起第2张、P70
- Radisson Collection Royal Hotel, Copenhagen（旧名： SAS Royal Hotel）：P113中、P116上段右·2段右·3段右、P117
- Ritzau Scanpix / 桂爱美：P56上、P58
- SALTO & SIGSGAARD：P50、P127、P198上、P214、P232~239
- Tage Christensen / Ritzau Scanpix /桂爱美：P57左上、P104
- Tage Nielsen / Ritzau Scanpix / 桂爱美：P57左中、P88上
- 托马斯·班德森 / industrial design：P226、P248~ 253
- Tobias Jacobsen：P105的图、P112*14、P114*18
- WELLING / LUDVIK：P202上、P254~259
- Vitra：P149*6、P152*16*17
- 宇纳正幸 / tsuzuru：P42下段左、P68上段中、P79上段右
- 卡尔·汉森父子日本：P98（CH25）、P101（CH111、CH07、CH445 翼椅、CH468 瞳状椅）
- 阿库塔斯株式会社：P149*4
- KAMADA株式会社：P210*58
- 北日本株式会社：P57右上、P120、P188中
- 格格威奇株式会社：P34下中、P40下、P42（J4）、P78*2下、P82
- 坂本茂：P96*24、P102左下
- Scandinavian Living：P42下段右、P56上起第3张、P76、P81、P95右3张、P99、P101（J16、孔雀椅、PP112、转椅、PP512、PP524、PP521）、P112*15、P143左上、P145（PK111）、P191*13*14上、P199中、P200、P201、P221下
- DANSK MOBEL GALLERY：P175*11
- 尼什室内株式会社：［Onecollection］P121、P122*9、P212、P213
- ［格塔玛］P98（GE240）、P206上、P207
- 弗里茨·汉森日本分公司：P27*7、P57左下、P107*6、P114*19下、P116·4段右、P134上、P135、P136、P145（PK31、PK54、PK9、PK24）、P150、P170*2左、P195、P196*17*19*20、P197*22*23、P244
- 武藏野美术大学美术馆：P28*13、P140·4段左、P143右下、P146左上
- 卢卡株式会社（Luca Scandinavia）：P34*19·下左起第2张、P35、P71上2张、P72中、P77、P78下、P83中3张·*6上、P86、P90*9、P98下2张、P101·4段右、P124、P125上4张、P129、P149*3、P153*22右、P168~170、P170*2右、P171下、P172*4、P174、P175*12、P176上·下、P177*16、P185上·下2张、P187、P188*6、P189上、P197*24、P206下2张、P208、P209下3张、P210下2张、P211、P221上、P222、P223*7、P228

*在合作单位拍摄：日本/渡部健五、丹麦/主要是作者。

*上述以外的图像由作者、渡部健五、编辑拍摄所有。

后记

我在丹麦度过了 3 年的留学生活，回国至今已经过去 15 年。我对当时的留学生活仍记忆犹新。我曾深夜差点被困在丹麦设计学院的电梯里，也曾用蹩脚的丹麦语和房东谈天说地，现在这些都成了美好的回忆。

当时，单是完成学校的课题就耗尽了我的精力，没有更多的时间和精力去学习丹麦家具的历史。现在回想起来，我的生活周遭都是设计于黄金期的家具和照明器具。因为房东曾经是建筑师，凯尔·柯林特的教堂椅、游猎椅，伯格·摩根森的西班牙椅、白日床，还有汉斯·维纳的 Y 形椅等，都是日常生活中触手可及的存在，我是多么幸运。我对丹麦家具的基本认识，就是在这一时期自然而然地获得的。

在丹麦设计学院，我有幸和本书中介绍的托马斯·班德森、熙·韦林、古德蒙杜尔·卢德维克等人成为同学。我从留学时的恩师罗纳德·汉森身上，不仅学到了家具设计，也学到了丹麦人的生活方式，以及丹麦特色的师生关系，真的收获良多。

我真正对丹麦家具设计的历史产生兴趣，是回国后不久，开始在大学工作之后。不得不说，在丹麦 3 年的经历，对我的研究有很大帮助。本书是对我迄今研究成果的总结，在撰写过程中，获得了丹麦友人多方面的支持，例如在当地收集资料，做采访等。在此感谢他们。

如果通过本书能让读者多少领会到丹麦家具设计的有趣之处，我将感到无比喜悦。家具本身自有其魅力，但我认为，丹麦家具设计的魅力更多地凝缩在家具诞生的历史背景，以及设计师之间的复杂关系中。本书试图让读者能够按照时间的先后顺序，了解丹麦家具的历史。

最后，本书在撰稿的过程中，得到各制造商、店铺相关人员、摄影师、接受采访的各位当地设计师的多方配合，还有一直耐心地陪我跑到最后的西川荣明编辑，在此对他们一并致以衷心的感谢。

2019 年 8 月

多田罗景太

Original Japanese title: NAGARE GA WAKARU! DENMARK KAGU NO DESIGN SHI

Copyright © 2019 Keita Tatara

Original Japanese edition published by Seibundo Shinkosha Publishing Co., Ltd.

Simplified Chinese translation rights arranged with Seibundo Shinkosha Publishing Co., Ltd. through The English Agency (Japan) Ltd. and Shanghai To-Asia Culture Co., Ltd.

日版工作人员

策划编辑：西川荣明

摄　　　影：渡部健五、多田罗景太、西川荣明

插　　　图：坂口和歌子

装订·设计：佐藤彰

北京市版权局著作权合同登记　图字：01-2021-1284号。

图书在版编目（CIP）数据

丹麦家具设计史 / （日）多田罗景太著；王健波，张晶译. — 北京：机械工业出版社，2023.6（2024.11重印）

（设计与生活）

ISBN 978-7-111-73003-3

Ⅰ.①丹… Ⅱ.①多… ②王… ③张… Ⅲ.①家具 – 设计 – 工艺美术史 – 丹麦 Ⅳ.①TS664.01-095.34

中国国家版本馆CIP数据核字（2023）第065115号

机械工业出版社（北京市百万庄大街22号　邮政编码100037）

策划编辑：马　晋　　　　　　责任编辑：马　晋

责任校对：王荣庆　陈　越　　封面设计：王　旭

责任印制：张　博

北京利丰雅高长城印刷有限公司印刷

2024年11月第1版第2次印刷

148mm×210mm·8.5印张·2插页·241千字

标准书号：ISBN 978-7-111-73003-3

定价：88.00元

电话服务　　　　　　　　　　网络服务

客服电话：010-88361066　　机　工　官　网：www.cmpbook.com

　　　　　010-88379833　　机　工　官　博：weibo.com/cmp1952

　　　　　010-68326294　　金　书　网：www.golden-book.com

封底无防伪标均为盗版　　　　机工教育服务网：www.cmpedu.com